一类农作物病虫害防控
技术手册

农业农村部种植业管理司
全国农业技术推广服务中心 编

中国农业出版社
北京

编委会

FOREWORD
前　言

　　2020年3月26日发布、2020年5月1日实施的《农作物病虫害防治条例》（中华人民共和国国务院令第725号）将常年发生面积特别大或者可能给农业生产造成特别重大损失的农作物病虫害定义为一类农作物病虫害。根据《农作物病虫害防治条例》要求，2020年9月15日，农业农村部公布了《一类农作物病虫害名录》（中华人民共和国农业农村部公告第333号），将草地贪夜蛾、飞蝗（飞蝗和其他迁移性蝗虫）、草地螟、黏虫（东方黏虫和劳氏黏虫）、稻飞虱（褐飞虱和白背飞虱）、稻纵卷叶螟、二化螟、小麦蚜虫（荻草谷网蚜、禾谷缢管蚜和麦二叉蚜）、马铃薯甲虫、苹果蠹蛾、小麦条锈病、小麦赤霉病、稻瘟病、南方水稻黑条矮缩病、马铃薯晚疫病、柑橘黄龙病、梨火疫病（梨火疫病和亚洲梨火疫病）共10种害虫和7种病害定为一类农作物病虫害。这些病虫害（除马铃薯甲虫、苹果蠹蛾、柑橘黄龙病和梨火疫病4种检疫性病虫害之外）具有远距离迁移、跨区流行、突发暴发、致灾性强等特性，是我国农业生产尤其是粮食作物上发生范围广、发生面积大、为害程度重的病虫害，对其有效控制是保障我国粮食生产安全、农产品质量安全的重要措施。

　　当前，我国农业进入绿色高质量发展阶段，一方面，随着科学技术的快速发展，病虫害防治技术也在不断创新和进步，国家鼓励和支持使用生态治理、健康栽培、生物防治、物理防治等绿色防控技术防治农作物病虫害；另一方面，受耕作制度、气候、生产方式、农业投入品等诸多因素影响，一类农作物病虫害发生为害表现出新特点，防灾减灾难度不断增加，植保技术人员和农业生产从业人员迫切需要掌握和了解其发生为害新特点和绿色防控新技术，从而能够更精准、高效地预防和控制其发生和为害。为此，全国农业技术推广服务中心组织相关植保科研、教学和技术人员，编写了本手册。本手册针对17种一类农作物病虫害的症状及形态特征、发生规律、防治技术、防治效果评价方法等内容进行了较为系统的介绍，可作为广大植保技术人员和农业生产从业人员开展一类农作物病虫害识别诊断、防控和防效评价等工作的参考用书。

由于编者知识水平有限，书中难免出现疏漏和偏颇之处，恳请读者批评指正。

编　者

2021年8月

CONTENTS
目　录

马铃薯晚疫病

柑橘黄龙病

梨火疫病

草 地 贪 夜 蛾

一、分布与为害

草地贪夜蛾［*Spodoptera frugiperda*（J.E.Smith）］属鳞翅目夜蛾科灰翅蛾属，俗称秋黏虫。多食性害虫，嗜食禾本科植物，入侵我国后主要为害玉米、甘蔗、高粱、谷子、小麦、薏米、水稻、花生、大豆、油菜、辣椒、甘蓝等。

草地贪夜蛾在我国的发生区域分为周年繁殖区、迁飞过渡区和重点防范区。周年繁殖区包括北纬28°（1月10℃等温线）以南的西南和华南地区，包括云南、广东、海南、广西4个省份以及福建、四川、贵州3个省份南部地区。迁飞过渡区指北纬28°～33°之间的长江流域和江淮地区，包括福建、四川、贵州3个省份北部，重庆、西藏、江西、湖南、湖北、浙江、上海7个省份，江苏和安徽中南部、陕西南部等地。重点防范区指北纬33°以北的黄淮海夏玉米区和北方春玉米区，包括江苏和安徽北部、陕西中北部，河南、山东、河北、北京、天津、山西、甘肃、宁夏、内蒙古、辽宁、吉林、黑龙江等省份。

草地贪夜蛾一至三龄幼虫多隐藏在玉米心叶内取食，形成半透明薄膜"窗孔"，四至六龄幼虫取食叶片后形成不规则的长形孔洞，造成叶片破烂状，甚至将整株玉米叶片食光，严重时可造成玉米生长点死亡、植株倒伏，影响叶片和果穗的正常发育。此外，高龄幼虫还钻蛀未抽出的玉米雄穗及幼嫩雌穗，或者直接取食玉米雄穗、花丝和果穗等，严重威胁玉米的产量和品质。有时幼虫会在茎基部钻蛀或切断玉米幼苗的茎，形成枯心苗。四至六龄幼虫期为暴食期，取食量占整个幼虫期取食量的80%以上，为害部位常见大量排泄的虫粪。

草地贪夜蛾为害玉米
1~2.为害玉米叶片 3.为害玉米雄穗 4.为害玉米雌穗

二、形态特征

1. **成虫** 翅展32～40mm，前翅深棕色，后翅灰白色，边缘有窄褐色带。前翅中部各有一黄色不规则环状纹，其后为肾状纹。雄蛾前翅灰棕色，翅顶角向内各有一三角形白斑，环状纹后侧各有一浅色带自翅外缘至中室，肾状纹内侧各有一白色楔形纹。雌蛾前翅呈灰褐色或灰棕杂色，环形纹和肾形纹灰褐色，轮廓线黄褐色。

2. **卵** 呈圆顶型，直径约0.4mm，高约0.3mm，通常100～200粒卵堆积成块状，卵块上有鳞毛覆盖，初产时为浅绿或白色，孵化前渐变为棕色。

3. **幼虫** 共6龄，体色和体长随龄期而变化。低龄幼虫体色呈绿色或黄色，体长6～9mm，头呈黑色或橙色。高龄幼虫多呈

草地贪夜蛾形态特征
1.卵块 2.幼虫 3.蛹 4.雄蛾 5.雌蛾

棕色，也有黑色或绿色的个体存在，体长 30～36mm，头部呈黑色、棕色或橙色，具白色或黄色倒Y形斑。幼虫体表有许多纵行条纹，背中线黄色，背中线两侧各有1条黄色纵条纹，黄色纵条纹外侧依次是黑色、黄色纵条纹。草地贪夜蛾幼虫最明显的特征是头部有淡黄色或白色的倒Y形纹，腹部末节背面有明显的、呈正方形排列的4个黑斑。

4. 蛹　老熟幼虫常在 2～8cm 深的土壤中做蛹室，蛹呈椭圆形，红棕色，长 14～18mm，宽约 4.5mm。

三、发生规律

我国周年繁殖区草地贪夜蛾1年可发生6～8代，是国内周年发生的虫源基地。草地贪夜蛾每年3月开始迁入长江以南地区，4～5月进入江淮、黄淮地区，6月迁至华北平原，7月迁入黄河以北地区，8月下旬以后陆续随季风回迁到华南地区。成虫主要在夜间羽化，并进行迁飞、取食、交配和产卵等活动。成虫具有趋光性，对绿光（500～565nm）、黄光（565～590nm）和白光行为选择性较强。初孵幼虫聚集为害，趋嫩性明显，可吐丝随风迁移扩散至周围植株的幼嫩部位或生长点。幼虫白天潜藏于植株心叶、茎秆或果穗内部、土壤表层，夜晚出来取食为害。

四、防治技术

华南及西南周年繁殖区重点防控境外迁入虫源，遏制当地虫源滋生繁殖，加强成虫诱杀，减少迁出虫源数量。江南江淮迁飞过渡区重点扑杀迁入种群，诱杀成虫，防治本地幼虫，压低过境虫源基数。黄淮海及北方重点防范区以保护玉米生产为重点，加强迁飞成虫监测，主攻低龄幼虫的防治。

1. **生态调控和天敌保护利用**　草地贪夜蛾周年发生区和境外虫源早期迁入区重点强化生物多样性利用和生态调控等措施。有条件的地区，玉米与非禾本科作物间作套种，保护农田自然环境中的寄生性和捕食性天敌，发挥生物多样性的自然控制优势，促进可持续治理。

2. **种子处理** 选择含有氯虫苯甲酰胺等成分的种衣剂，实施种子统一包衣，防治苗期草地贪夜蛾。

3. **诱杀成虫** 成虫发生高峰期，采取性信息素、食诱剂等理化诱控措施，诱杀成虫，干扰交配，减少田间落卵量，压低发生基数，减轻为害损失。

4. **卵期和幼虫防治** 抓住低龄幼虫防控的最佳时期，实施统防统治和联防联控。施药时间应选择清晨或者傍晚，重点对心叶、雄穗和雌穗等部位施药。防治指标：玉米苗期至小喇叭口期（7～11叶），为害株率≥5%；玉米心叶末期（或大喇叭口期），为害株率≥20%；玉米雌穗形成期，为害株率≥10%，或全生育期百株幼虫量高于10头。

（1）生物防治。于卵孵化初期，选用苏云金杆菌、球孢白僵菌、金龟子绿僵菌、多杀霉素、印楝素、甘蓝夜蛾核型多角体病毒等生物农药喷施，或者释放螟黄赤眼蜂、夜蛾黑卵蜂等寄生性天敌，或东亚小花蝽、益蝽等捕食性天敌昆虫。

（2）应急防治。针对虫口密度高、集中连片发生区域，可选用农业农村部推荐的草地贪夜蛾应急防治药剂品种，如甲氨基阿维菌素苯甲酸盐、氯虫苯甲酰胺、乙基多杀菌素、茚虫威、虱螨脲等，及时施药防治，注意轮换用药和安全用药。

五、调查方法

当灯诱或性诱见成虫时，开始田间调查，每5d调查1次，至作物成熟期结束。取样方法：玉米等稀植作物，抽雄前采用W形5点取样，抽雄后采用阶梯形5点取样，每点取10株；麦类等密植作物，全生育期采用W形5点取样，每点查0.2m²（行长50cm，宽40cm）。虫口密度低时，可适当增加调查植株数量或面积。

卵调查：仔细观察植株叶片正面、背面和与叶基部连接的茎秆等部位的卵块，重点调查玉米小喇叭口期倒3叶、倒4叶正面，吐丝期倒5叶、倒6叶背面。

幼虫调查：当查见新被害株时，剥查受害部位，地上部见被害株（如出现枯心苗）但未见虫时，还需挖查受害株附近10cm的土表层。

蛹调查：于幼虫六龄盛期后1周开始调查。每点调查1m^2，挖查土表层（深约8cm）。

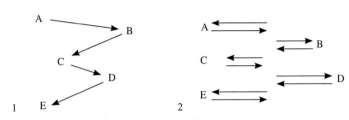

草地贪夜蛾田间取样方法示意图
1.W形　2.阶梯形

六、防治效果评价方法

采用虫口减退率评价防治效果，根据防治前、防治后的草地贪夜蛾幼虫活虫量，计算虫口减退率。

$$虫口减退率 = \frac{防治前活虫数量 - 防治后活虫数量}{防治前活虫数量} \times 100\%$$

$$防治效果 = \frac{处理区虫口减退率 - 对照区虫口减退率}{1 - 对照区虫口减退率} \times 100\%$$

飞　蝗

一、分布与为害

飞蝗（*Locusta migratoria* Linnaeus）属直翅目蝗总科斑翅蝗科飞蝗亚科飞蝗属。飞蝗属有10个地理亚种，在我国存在3个地理亚种，分别为东亚飞蝗 [*L. migratoria manilensis* (Meyen)]、亚洲飞蝗 [*L. migratoria migratoria* (Linnaeus)] 和西藏飞蝗（*L. migratoria tibetensis* Chen）。

东亚飞蝗主要为害玉米、小麦、高粱、水稻、谷子、芦苇等禾本科和一些莎草科植物的叶和茎，为害严重时可造成绝产。亚洲飞蝗主要为害禾本科和莎草科牧草，也为害玉米、大麦、小麦等农作物。西藏飞蝗主要为害玉米、青稞、小麦、芦苇、稗草、披碱草等禾本科植物叶片和茎秆。

飞蝗具有暴发性、迁飞性和毁灭性特点，我国常年发生面积1 500万亩*次，是影响我国农业生产的重要害虫。飞蝗的地理分布范围受到地形、气候、土壤与植被的影响。东亚飞蝗主要分布在东部季风区，包括山东、河南、河北、陕西、安徽、天津、江苏、山西、海南、广西等省份，重点防控区域为环渤海湾蝗区、黄河中下游部分滩区、华北和黄淮内涝湖库区及华南、海南局部蝗区。亚洲飞蝗主要分布在新疆准格尔盆地、塔里木盆地的沿湖、沿河地区，以及东北地区沿湖、沿河以及沼泽苇草丛生地带，包括新疆、吉林、黑龙江等省份。西藏飞蝗主要分布在青藏高原，包括四川、西藏、青海等省份，重点防控区域为四川、西藏和青海的通天河、金沙江、雅砻江、雅鲁藏布江等河谷地带。

---

　　* 亩为非法定计量单位，15亩＝1hm²。全书同。

飞蝗为害状

二、形态特征

飞蝗一生有3个虫态，即卵（包裹在卵囊中）、蝗蝻（若虫期）、成虫。飞蝗具有群居型、中间型（或过渡型）、散居型等3种变型，密度高时可以转变为群居型，密度低时则转变为散居型，两型的主要区别在于前胸背板的形态、前翅长度与后足股节长度的比例以及体色等。

（一）成虫

1.东亚飞蝗　雄虫体长为32.4～48.1mm，雌虫体长为38.6～52.8mm。散居型体绿色或黄褐色，群居型体黑褐色，中间型体灰色。触角淡黄色，前胸背板马鞍形，中隆线明显，两侧常有暗色纵条纹。

2.亚洲飞蝗　雄虫体长为36.1～46.4mm，雌虫体长为43.8～56.5mm。群居型体橙色或黑褐色，前胸背板背面具黑色纵纹，背板镶有狭波状的黄色边缘，中胸及后胸背板微凸；散居型体色常为绿色、黄绿色或淡褐色，前胸背板背面无黑色纵纹。

3.**西藏飞蝗**　雄虫体长为25.2～32.8mm，雌虫体长为38.0～52.0mm。体黄褐色或绿色，复眼后方有1条较狭的黄色纵纹，其上、下常有褐色条纹镶嵌，前胸背板中隆线两侧常有暗色纵条纹，前翅散布明显暗色斑纹，后翅本色透明，近中部处在下隆线之上具一淡色斑，后足胫节橘红色。

（二）卵

1.**东亚飞蝗**　卵囊圆柱形，略呈弧形弯曲，卵囊大而长，一般长45.0～62.9mm，宽6.0～8.9mm，无卵囊盖。卵粒与卵囊纵轴呈倾斜状，侧观为一排，其背腹观为4纵行规则排列。卵粒较直而略弯曲，中部较粗，向两端渐细，两端通常呈钝圆形。卵粒长2.5～7.0mm，宽1.1～1.8mm，卵粒黄色或黄褐色。

2.**亚洲飞蝗**　卵囊常呈长桶状，略弯曲，长50～75mm，含卵粒55～115粒，一般排成4排。卵囊上部及卵粒之间充满褐色或微红色的泡沫状物质。卵囊外壁质软，由褐玫瑰色的泡沫物质组成，并常附有土粒。卵粒黄褐色，长7～8mm，卵粒外壳有小突起，其间有细线相连。

3.**西藏飞蝗**　卵囊内卵粒4列，倾斜排列呈圆筒状，上端大约有1/3长的胶囊盖，每个卵囊含40～90粒卵。卵长椭圆形，中部略弯曲，长5mm左右，初产卵粒呈浅黄色，后逐渐变为红棕褐色，即将孵化时为褐色。

（三）蝗蝻

1.**东亚飞蝗**　一龄初孵化时颜色较浅，一段时间后颜色逐渐变深，呈灰褐色。触角13～14节，体长5～10mm。前胸背板背面稍向后拱出，后缘呈直线形。翅芽不明显，很难用肉眼看到。二龄黑灰色或黑色。触角18～19节，体长8～14mm。前胸背板向后拱，比一龄明显。翅芽小，用肉眼可见，翅尖向后延伸。三龄黑色，头部红褐色部分扩大。触角20～21节，体长15～21mm。前胸背板明显向后缘延伸，掩盖中胸背面，后缘呈钝角。

翅芽明显,黑褐色,前翅芽狭长,后翅芽略呈三角形,翅脉明显,翅尖朝向后下方。四龄头部除复眼外全部红褐色。触角22～23节,体长16～26mm。前胸背板后缘多向后延伸,掩盖中胸和后胸背部。翅芽黑色,覆盖腹部第二节,前翅芽狭长,后翅呈三角形,翅脉明显。五龄红褐色。触角24～25节,体长26～40mm。前胸背板后缘明显向后延伸,掩盖中胸和后胸背部部分。翅芽大,覆盖腹部第四、五节。

2.**亚洲飞蝗** 一龄触角13～14节,体长7～10mm。群居型前胸背板背面具黑绒色纵纹,背板镶有狭波状的黄边,中胸及后胸背板微突。二龄触角15～17节,体长10～14mm。群居型前胸背板两条黑丝绒纹明显,散居型前胸背板无黑绒色纵纹。翅芽较明显,顶端指向下方。三龄触角22～23节,体长15～21mm。翅芽明显指向下方。四龄触角21～25节,体长24～26mm。前翅芽较短,后翅芽三角形,皆向上翻折后在外盖住翅芽。翅芽端部皆指向后方,其长度可达腹部第三节。五龄触角23～26节。雄蝻体长25～26mm,雌蝻体长32～40mm。翅芽较前胸背板长或等长,翅芽长度可达腹部第四、五节。群居型蝗蝻体色常为橙黄或黑褐色,散居型蝗蝻体色常为绿色、黄绿色或淡褐色。

3.**西藏飞蝗** 一龄体长7～8mm,体色为米白色或乳白色。翅芽很小或不见,前胸背板后缘近似直线。触角11～13节。二龄体长9～10mm,体色为米白色或乳白色。翅芽很小或不见,前胸背板后缘近似直线。触角14～15节。三龄体长12～13mm,体色为黑色或黑褐色。翅芽明显,似三角形,后芽大前芽小,前胸背板后缘后突明显向后延伸并掩盖中胸背面部分。触角17～20节。四龄体长17～19mm,体色为浅绿色或黄绿色。翅芽达第一、二腹节,向背部靠拢,前胸背板后缘后突明显向后延伸并掩盖中胸背面部分。触角总长21～23节。五龄体长24～28mm,体色为浅绿色或绿色。翅芽达第四、五腹节,翅脉明显,前胸背板中隆线隆起,背板后缘呈三角形突出。触角24～26节。

密度低—散居型　　　　　　　　密度高—群居型

飞蝗形态（上：若虫；下：成虫）

三、发生规律

飞蝗完成1个世代大约2～3个月。一龄蝗蝻从土壤中的卵壳中孵化出土，再经过5次蜕皮，每次蜕皮进入下个龄期。蝗蝻有5个龄期，最后一次蜕皮羽化为成虫。东亚飞蝗成虫羽化后5～15d即可交配、产卵。东亚飞蝗1年发生2～4代，黄淮海流域2代，海南省等南部地区3～4代，黄淮海流域第一代为夏蝗，第二代为秋蝗，以卵在土中越冬。亚洲飞蝗1年发生1代，以卵在土中越冬，发生时期随年份不同和地区等环境条件的变化而有较大的差异，在新疆一般4月下旬至5月上旬孵化，6月中旬羽化，8月为产卵盛期，成虫可存活到9月。西藏飞蝗1年发生1代，以卵在土中越冬，金沙江流域4月中下旬开始孵化，7月上中旬开始羽化，8月中旬进入产卵期。

四、防治技术

1. 生态控制　沿海蝗区采取蓄水育苇和种植苜蓿、紫穗槐、香花槐、棉花、冬枣等蝗虫非喜食植物，改造蝗虫滋生地，压减适生地面积。滨湖和内涝蝗区结合水位调节，采取造塘养鱼模式，改造生态环境，抑制蝗虫发生。河泛蝗区实行沟渠路林网化，改善滩区生产条件，做好垦荒种植和精耕细作，或利用滩区牧草资源，开发饲草种植和畜牧养殖，减少蝗虫滋生环境，降低其暴发频率。川藏西藏飞蝗发生区可种植沙棘，改造蝗虫滋生环境。

2. 生物防治　主要在中低密度发生区和生态敏感区（包括湖库、水源保护区、自然保护区等禁止或限制使用化学农药的区域），优先使用蝗虫微孢子虫、金龟子绿僵菌等微生物农药，喷施苦参碱、印楝素等植物源农药。新疆等农牧交错区可采取牧鸡牧鸭、招引粉红椋鸟等进行防治。生态敏感区可降低防治指标，在二龄盛期采用生物防治措施。

3. 化学防治　主要在高密度发生区采取化学药剂应急防治。可选用高氯·马、高效氯氰菊酯、马拉硫磷等农药。在集中连片面积大于5km^{2}以上的区域，提倡进行飞机防治，推广精准定位施药技术和航空喷洒作业监管与计量系统，确保防治效果。在集中连片面积低于5km^{2}的区域，可组织专业化防治服务组织，使用大型施药器械开展防治。重点推广超低容量喷雾技术，在芦苇、甘蔗、玉米等高秆作物田以及发生环境复杂区，应用烟雾机防治，应选在清晨或傍晚进行。对于地形复杂的丘陵、山区可使用植保无人机防治。化学防治时，应考虑条带间隔施药，留出合理的天敌避难区域。

五、调查方法

化学防治效果调查分别于施药前和施药后1d、3d各调查1次，生物防治效果调查分别于防治前和防治后7d、10d、15d各调查1次。采用对角线取样法进行调查，取样点数因调查面积大小确定，一般不少于5个，每点面积一般为5m²。以防治前蝗虫基数调查为参照，采取目测或扫网、样框的方法调查，查样点内所有蝗虫活虫的数量并记录。

六、防治效果评价方法

用虫口减退率来评价防治效果，根据防治前、防治后的活虫数量，计算虫口减退率。

$$虫口减退率 = \frac{防治前活虫数 - 防治后活虫数}{防治前活虫数} \times 100\%$$

草 地 螟

一、分布与为害

草地螟（*Loxostege sticticalis* Linnaeus）属鳞翅目螟蛾科，又称甜菜螟蛾、螺虫、罗网虫、扑灯蛾和打灯蛾等。主要分布在北纬36°～55°的广阔地区，我国主要分布在东北、华北及西北。草地螟是一种多食性害虫，可为害50余科300多种植物，甜菜、豆类、向日葵、亚麻、大麻、马铃薯、蔬菜和瓜类等作物受害较重，大麦、小麦、玉米和高粱等单子叶作物受害相对较轻。大发生时，草地螟幼虫可将作物的叶片、茎秆甚至整株吃光，造成严重损失或毁种、绝产，大发生年份或世代会导致数十万至上千万亩的作物减产甚至绝收。

草地螟为害苗期玉米

草地螟为害甜菜植株

二、形态特征

1.成虫 体长10～12mm，翅展20～26mm，灰褐色。触角线状。前翅灰褐色，翅边缘向内中央室内有1个较大的马蹄形黄白色斑，前翅顶角内侧前缘有淡黄条纹；后翅黑色，靠近翅基部较淡，沿外缘有两条黑色平行的波纹，静止时双翅折合成三角形。雌、雄成虫有明显的性二型：雄虫的个体较小，翅展18～20mm；而雌虫的个体较大，翅展20～26mm。雌虫前胸背板呈铁铲样，扁平宽大；而雄虫的前胸背板细小，呈梭状。雌虫腹部宽而圆，末端生殖孔外露，较易识别。

2.卵 卵成块或散产，多分布于叶背面。卵大小为 (0.8～1.0) mm×(0.4～0.5) mm。初产时乳白色，略带光泽。25℃约1d以后即可变为黄色，常温条件下2d以后变为土黄色，3d即可变黑孵化。

3.幼虫 幼虫有5龄，共蜕皮4次。一至三龄幼虫头宽0.75mm以下，体长小于9mm，淡黄色或黑色，分布于叶背面。前3龄幼虫的取食总量仅占幼虫期取食总量的30%，而四龄和五龄幼虫的摄食量达442mg，为幼虫期取食总量的70%，是幼虫的暴食期。幼虫头部黑色，有光泽，胸节有3条黄色纵纹，腹部各节有两对瘤状突起，分列于背线两侧，上面生有刚毛1根，基部黑色，外有同心黄白环；气门线上有2条黄色线条；头宽为1.1～1.4mm，体长为15～23mm。幼虫老熟后即停止取食，进入土内做茧化蛹。虫茧通常长30～40mm，最长的可达100mm，宽5～6mm，视虫体的大小而定。茧大多分布在1～5cm深的表土层内。虫茧垂直排列，开口向上，茧内虫体头部向上，当成虫羽化时，咬破茧口即可爬出。虫茧对于保护幼虫的化蛹、羽化以及抵御天敌、防止水分蒸发等均具有重要的作用。

4.蛹 蛹为黄褐色，长15～20mm，复眼黑色，背部有褐色小点，排列在各节两侧，尾刺8根，雌蛹生殖孔在第八腹节上，纵裂，第十腹节腹面中央的纵裂缝为排泄孔，雄蛹生殖孔在第九腹

15

节。刚形成时蛹色鲜黄，随着时间的延长，颜色逐渐加深，复眼也跟着变褐。将要羽化的蛹体变为灰褐色。

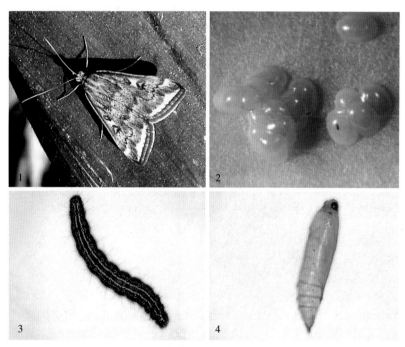

草地螟形态特征
1.成虫　2.卵　3.幼虫　4.蛹

三、发生规律

1. **世代与年生活史**　草地螟属全变态昆虫，一生经过卵、幼虫、蛹和成虫4个阶段。在21℃左右的实验条件下，草地螟完成1个世代约需52d。田间草地螟完成1个虫态或世代所需的时间主要受温度的影响。

自然环境中草地螟越冬幼虫于4月底至5月初开始化蛹，至5月中下旬陆续羽化为越冬代成虫。成虫在5～6月间产卵形成第一代，一代幼虫至7月下旬羽化为成虫，8月上旬产生二代幼虫，为害至9月上中旬，以滞育的老熟幼虫入土越冬。草地螟发生为害时期和世代数会因地区或年份不同而产生一些差异。

2. **发生世代与世代为害区划**　草地螟在我国1年发生1～3代，根据气候特点和发生为害规律，可划分为：

（1）常发区。大致位于北纬40°～45°、东经111°～120°之间，包括内蒙古大部、山西及河北北部等地区。该区域草地螟年发生不完全3代，少数年份发生2代或3代。由于地形复杂，不同环境的小气候变化很大，世代重叠相对明显。草地螟发生为害时期为5～9月，主要为害世代为第一代，有的年份二代为害也相当严重。老熟幼虫于9月入土越冬，越冬范围及密度均较大。越冬场所主要为二代为害严重的田块。该区域是我国草地螟的主要越冬区和翌年的主要虫源地。

（2）重发区。为北纬41°～47°、东经120°～130°的东北平原，主要包括内蒙古东部、辽宁西北部和黑龙江、吉林等地区。该区域草地螟年发生不完全3代，少数年份发生2代或3代。该区气候适宜、雨量适中、作物单一、生长良好，草地螟一旦发生，便可造成严重危害。草地螟主要为害世代为第一代，为害时期为6～7月。由于7～8月气温较高，通常一代成虫很少在当地产卵为害，这是二代为害较轻的主要原因之一。1984年之前该区域很少或根本查不到草地螟的越冬幼虫，2000年以后草地螟的越冬年份、场所及越冬虫量有所增加。

（3）偶发区。为北纬34°～35°、东经85°～110°区域，主要包括宁夏、甘肃和陕西的大部分地区以及新疆部分地区。一般年份，草地螟为害不如上述两区严重。由于该区域地形复杂，不同环境的小气候变化较大，草地螟受局部地区气候和环境影响，发育世代不同，宁夏银川、陕西榆林、甘肃兰州和天水等地可发生2～3代，新疆阿勒泰和和田地区仅发生2代。

3. **迁飞规律**　草地螟是一种迁飞性昆虫，具有很强的飞行能力。室内测定，成虫可连续飞行24h，最大飞行距离超过100km。自然条件下，成虫的迁飞距离为560～1 110km。成虫的飞行能力随蛾龄的增加而增加，产卵后会随产卵量和产卵天数的增加而显著下降。温度、补充营养及风等因素对草地螟迁飞能力的影响很大，若温湿度条件不适宜，成虫可再次迁飞。迁飞不仅使草地螟种群繁衍成为可能，还加剧了种群的暴发成灾。我国草地螟的主要迁飞路线有两条：越冬代（5～6月）成虫由华北向东北迁飞；而一代（8月）则由东北向华北迁飞。其中，第一条迁飞路线已被标记、释放、回收实验结果所证实。

4.**滞育与越冬规律**　草地螟是一种兼性滞育昆虫。在秋季短光照的影响下，草地螟幼虫进入滞育状态，滞育的五龄幼虫（预蛹）是草地螟的唯一越冬虫态。一代或二代草地螟均可越冬。根据历年越冬虫源调查，我国草地螟的越冬区域可分为主要和次要越冬区。主要越冬区包括河北北部、山西北部、内蒙古中西部及相邻地区，次要越冬区包括黑龙江、吉林和辽宁的西部，内蒙古东部的呼伦贝尔市、兴安盟和通辽市等地区。

5.**幼虫转移为害与扩散规律**　草地螟幼虫的生长发育大多经过转移为害和扩散两个阶段，尤其是当幼虫密度较高时更为明显。转移为害是指幼虫在产卵寄主上取食为害至三龄后，从产卵寄主转移到临近没有受害的寄主植物，包括农作物上取食为害。扩散是指五龄幼虫在大发生或种群密度较高时，从为害场所向田边、田埂或道路群体扩散的现象。

6.**影响草地螟发生的关键因素**

（1）温湿度。

①对生长发育的影响。草地螟卵、幼虫、蛹、成虫及整个世代的发育起点温度依次为14.3℃、12.7℃、10.8℃、16.7℃和12.5℃，有效积温为30.4℃、190.7℃、158.3℃、96.7℃和531.2℃。在16～34℃条件下，卵、幼虫、蛹和成虫的发育速率均呈抛物线变化，即随温度的增加而加速，但增加到一定程度后又随温度的增加而趋缓或下降。草地螟的存活率与温度的关系十分密切，在21～30℃条件下，卵孵化率均在95%以上，超出这个温度范围孵化率明显下降。温度对幼虫、蛹存活与对卵的影响基本一致。成

虫寿命随温度的升高而缩短，当温度<25℃时，雄蛾寿命比雌蛾长，当温度>25℃时，雄蛾寿命比雌蛾短。湿度对草地螟生长发育也有明显影响，在32℃和45%的相对湿度下，卵孵化率仅为20%，而在70%～100%相对湿度时，孵化率可达100%。湿度低于20%时，一龄幼虫不能成活，若湿度太高，五龄幼虫化蛹困难，并会大量死亡。

②对成虫交配产卵及发生为害程度的影响。温湿度对成虫产卵的影响十分显著，在16～34℃条件下，成虫产卵量22℃时最高（约300粒），超出这个温度范围，产卵量明显下降。温度对雄蛾交配能力有很大影响，在28℃和31.5℃条件下，只有15%和60%的雄蛾不能交配，32.5℃时，100%的雄蛾不能交配。适温条件下，随着湿度的增大雌蛾平均产卵量显著增加。温度偏低、相对湿度较大时，成虫产卵受到明显的抑制，不孕率增高。湿度还会影响成虫对产卵寄主的选择，在正常条件下，成虫会选择灰菜等双子叶杂草产卵，当环境湿度较高时，成虫会选择大画眉草和狗尾草产卵。

草地螟的发生为害程度与温湿度的关系十分密切。研究分析我国草地螟大发生种群的成灾机理，结果表明，成虫种群量较大时，当成虫盛发期间的降水量10mm左右、气温20～22℃时，或温湿系数为4～5之间时，幼虫就会暴发成灾；但若此时温度过高或湿度较低，幼虫发生量会很少或者不发生为害。因此，把握成虫发生期间的温湿度变化，是预测草地螟发生为害区域及程度的关键依据。

（2）天敌。

①捕食性天敌。捕食草地螟的天敌种类有很多，如步甲、拟步甲、瓢虫、叩头虫、蚂蚁、胡蜂、蜘蛛等。其中以步甲的种类较多，分布较广，捕食功能较强的有赤背梳爪步甲（*Dolichus halensis* Schaller）、通缘步甲（*Pterostichus gebleri* Dejean）和中华广肩步甲［*Calsoma* (*Campalita*) *chinensis* Kirby］等。步甲可以捕食地面上的幼虫，也可捕食潜入土中做茧的幼虫或咬穿虫茧

取食幼虫和蛹。我国尚未系统地评价捕食性天敌对草地螟的控害作用。

②寄生性天敌。寄生草地螟卵、幼虫和蛹的天敌种类很多，目前发现的卵寄生蜂有4种，均为赤眼蜂。我国发现的仅有暗黑赤眼蜂（*Trichogramma pintoi* Voegele）1种，其对草地螟卵的寄生率不到1%。幼虫和蛹期的寄生性天敌有茧蜂、姬蜂、寄生蝇。目前已知的茧蜂约有12种，如绿眼赛茧蜂 [*Zele chlorophthalmus* (Spinola)]、魏氏小模茧蜂（*Microtypus wesmaelii* Ratzeburg）、伏虎茧蜂（*Meteous rubens* Nees）、瘦怒茧蜂（*Orgilus ischnus* Marshall）、螟甲腹茧蜂（*Chelonus munakatae* Munakata）等。茧蜂主要寄生三龄前幼虫，寄主幼虫完成发育前茧蜂即可羽化，寄生率通常较高，是一类很有利用价值的寄生蜂。目前已知寄生草地螟的姬蜂种类有10种，如松毛虫黑胸姬蜂（*Hyposoter takagii* Matsumura）、野蚕黑瘤姬蜂（*Coccygomimus luctuosus* Smith）和草地螟阿格姬蜂 [*Agrypon flexorius* (Thunberg)] 等。姬蜂对草地螟幼虫的寄生率通常在10%左右，草地螟阿格姬蜂等主要寄生三龄后的幼虫，寄主发育到蛹期姬蜂才能完成发育。目前已知的寄生草地螟的寄生蝇种类有22种，优势种为双斑截尾寄蝇（*Nemorilla maculosa* Meigen）和伞裙追寄蝇（*Exorista civilis* Rondani）等大卵生种类，主要寄生五龄幼虫，寄生率通常可达50%以上，是控制下代草地螟虫源基数的重要生物因子。目前，已经建立了这两种寄生蝇的室内繁殖技术。

③病原微生物。草地螟的病原微生物有真菌、病毒和微孢子虫等。白僵菌是感染我国草地螟的主要病原物，其主要感染在土中做茧的幼虫和蛹，偶尔也可感染在作物上取食的幼虫。以降水量较多的季节，洼地或湿度较大的地方较常见。其对草地螟虫茧的感染率通常在5%左右。

（3）寄主植物。不同寄主植物对草地螟的生长发育和种群增长具有显著的影响，草地螟对产卵和取食为害的寄主具有较明显的选择性。成虫主要选择藜科、菊科、伞形花科等双子叶杂草产卵，环境湿度较高时则选择单子叶杂草，如稗草、狗尾草和大画眉草产卵。草地螟对寄主植物的选择性形成了"先杂草后作物"或"先双子叶后单子叶植物"的规律。掌握草地螟田间发生为害规律，对于提高监测和防治效果具有重要的指导作用。

四、防治技术

1.农业防治

（1）除草防虫。利用草地螟喜欢在杂草上产卵为害的特点，清除田间及田边杂草，能有效降低田间幼虫密度，是防治草地螟行之有效的措施。掌握除草时间是该项技术能否取得成效的关键，成虫产卵高峰期来临前除草效果较好，应将铲除的杂草深埋或集中销毁，避免作物受害加重。

（2）耕翻耙犁压低虫源基数。草地螟虫茧常在土表1～5cm处，羽化孔向上。当虫茧受压、羽化孔受阻或土层加厚时，羽化的成虫不能顺利出茧，从而减少下代的虫源基数。因此，在受害严重的地块，秋后春前采用耕、翻、犁、耙、灌水等措施，可防止越冬代幼虫化蛹羽化，降低越冬代成活率。

2.生物防治

草地螟拥有大量的寄生性和捕食性天敌昆虫以及病原微生物，其中寄生蜂、寄生蝇等对草地螟的控制作用十分明显，注重保护利用当地寄生性和捕食性天敌资源，可将草地螟种群量控制在经济阈值水平之下。因此，保护和利用本地天敌是草地螟防治的重要措施之一。

3.物理防治

草地螟成虫具有很强的趋光性，可以利用杀虫灯等人工光源诱杀成虫。1盏黑光灯可控制和减轻100亩作物的受害程度，虫口减退率在85%～90%。另外，性（引）诱剂等也可以用于诱杀成虫。

草地螟大发生时，为了阻止高龄幼虫从受害严重的草地或农田向未受害农田群体扩散转移，可使用挖沟的方法围堵幼虫。具体做法：在受害严重的地带或未受害的农田周围挖一条沟，沟深和宽均为33cm，长度视需要而定，上窄下宽形状的沟防虫作用更大。在沟内灌水或撒石灰，效果更佳。

4. 化学防治

（1）选择适宜的杀虫剂和剂型。草地螟幼虫对杀虫剂较为敏感，各类常规化学杀虫剂均可使用，应选用已经登记的低毒、低残留药剂品种和适宜的剂型。

（2）低龄幼虫期施药。药剂防治的最佳时期为幼虫三龄之前，此时幼虫个体小，为害集中，尚未扩散，用较少的杀虫剂就可以获得理想的防治效果。

五、调查方法

草地螟的调查分为越冬基数调查、雌蛾抱卵量调查、田间卵块和幼虫密度调查、残虫量及发育进度调查。

1. **越冬基数调查** 于土壤封冻前（10月上中旬）和翌年4月中旬，选择有代表性的二代草地螟幼虫为害的双子叶杂草密生的滩地或地埂2～3块，5点取样，每点面积1m^2，用铁锹挖取5cm表土，过筛检查虫茧，分实茧、空茧、被寄生茧、活虫茧，并计算出越冬基数及幼虫成活率。

2. **雌蛾抱卵量调查** 于蛾盛期每日调查1次灯下雌蛾的卵巢发育进度，每次查20头雌蛾，当日蛾量不足时全部调查。雌蛾卵巢发育分级标准为一级：卵未形成，不能分辨出卵粒，脂肪体多，乳白色；二级：卵粒可辨，能看到卵粒连接成串，但卵粒较小；三级：卵已成熟，卵粒颗颗可数，卵粒排列紧密，有成堆积累现象；四级：卵已部分产出或产完，腹腔内渐空或有少数卵粒。

3. **田间卵块和幼虫密度调查** 从5月中下旬开始，选择有代表性的地块2～3块，每3d调查1次，卵孵化盛期每天调查1次，每块地5点取样，甜菜、豆田每点查100株，马铃薯田每点查10株，亚麻等作物田每点查1m^2。

4. **残虫量及发育进度调查** 于7月下旬和9月底调查防治后的残虫量和化蛹率，选择发生密度较高的地块3～5块，每块地取样5m^2，先查地面和作物间的幼虫数，然后挖土筛查入土做茧和化蛹数，计算化蛹率及残虫成活率。

六、防治效果评价方法

防治效果评价方法包括校正虫口减退率、植株受害程度、校正累积虫日等。对害虫生物防治效果的评价方法通常参照化学防治的评价方法，以短期内害虫的死亡率为指标。

1. **根据植株受害程度或靶标害虫虫口变化进行评价** 由于被杀死、被寄生、被捕食或被病原微生物侵染导致的目标害虫虫口数量减少，用 Abbott 公式对虫口减退率进行校正：

$$防治效果 = \frac{处理区虫口减退率 - 对照区虫口减退率}{1 - 对照区虫口减退率} \times 100\%$$

或根据植株受害程度进行评价，评估的结果主要是防治措施的短期效应：

$$防治效果 = \frac{对照区植株受害程度 - 处理区植株受害程度}{对照区植株受害程度} \times 100\%$$

2. **利用校正累积虫日评价** 根据"虫日"和"累积虫日"作为害虫防治效果评价的一个指标，将害虫数量及其在作物上为害时间的乘积称为"虫日"，将所调查"虫日"之和称为"累积虫日"，直接以"累积虫日"数值评价防治结果。

$$防治效果 = \frac{对照区累积虫日 - 处理区累积虫日}{对照区累积虫日} \times 100\%$$

黏 虫

一、分布与为害

黏虫属鳞翅目夜蛾科，俗称剃枝虫、五色虫、行军虫、粟夜盗虫、天马、麦蚕、蟥虫等。主要发生在我国和亚洲其他国家、大洋洲等地区。发生在我国的主要是东方黏虫 [*Mythimna seperata* (Walker)]。黏虫是我国粮食作物的重要害虫，除新疆外，我国其他各地均有分布。黏虫为多食性害虫，可取食为害16科100多种植物，以为害水稻、小麦、玉米、高粱、粟（谷子）、甘蔗等禾本科作物和牧草为主，也可为害豆类、棉花、蔬菜等作物。黏虫主要取食植物的叶片，大发生时可将植株的叶片吃光，造成减产或绝收。幼虫还可以为害玉米和高粱的雄穗、花丝、幼嫩籽粒，麦穗和水稻枝穗，大发生时高龄幼虫还取食植株的茎秆及表皮。

黏虫为害小麦

黏虫为害水稻

黏虫为害玉米

二、形态特征

1.成虫　体长17～20mm，翅展36～45mm。全体淡黄褐
至灰褐色，个别稍现红色，极罕见通体全黑的变异个体。前翅前
缘和外缘颜色较深，内线不明显，常呈现数个小黑点。环形纹圆
形，黄褐色，肾纹及亚肾纹淡黄色，分界不明显。前翅中央在中
室下角处有1个小白点，两侧各有1个小黑点。外线为1条不连贯
的黑色点状虚线，亚端线从翅尖向内斜伸，在翅尖后方和外缘附
近呈1个灰褐色三角形暗影，端线由1列黑色小点组成。后翅暗
褐色，基区色较浅，缘毛黄白色；反面灰白褐色，前缘及外缘色
略深。腹部多为暗灰褐色，臀毛簇及腹部腹面为灰褐色。雌蛾腹
部末端较雄蛾稍小，生殖孔边缘暗褐色，腹面中央有"1"字形
裂口。雄蛾腹部末端较钝，其尾端向后压挤，可伸出1对鳃盖形
的抱握器，抱握器顶端具一长刺，雌蛾腹部末端有一尖形的产
卵器。

2.卵 半球形，直径0.5mm左右，表面有六角形网状纹，有光泽。初产时白色，渐变为黄色至褐色，孵化前黑色。成虫产卵时，分泌胶质将卵粒黏结在植物上排列成行，有时重叠形成卵块。

3.幼虫 幼虫共有6龄，各龄幼虫主要识别特征为：

（1）一至三龄幼虫。体长分别为3mm、7mm和9mm左右。头部均无花纹。初孵幼虫通常呈灰褐色，二至三龄幼虫取食干叶或

东方黏虫形态特征
1.成虫 2.卵 3.幼虫 4.蛹

花粉时，多为黄褐至灰褐色，或带暗红色。取食嫩叶时，身体大部分呈绿至灰绿色。一至二龄幼虫爬行姿势弓形，三龄幼虫爬行姿势稍呈弓形。

（2）四至六龄幼虫。体长约为15mm、24mm和38mm。高密度时体色多呈黑色或灰黑色，低密度时淡黄褐色或淡黄绿色。头部为黄褐色至红褐色，头壳有暗褐色网状花纹，沿蜕裂线各有1条黑褐色纵纹，略似"八"字形。体背有5条纵线，背线白色较细，两侧各有2条黄褐色至黑色、上下镶有灰白色细线的粗纵纹。腹足基节有阔三角形的黄褐色或黑褐色斑，第一至八腹节两侧各有椭圆形气门1个，气门盖黑色。老熟幼虫在寄主根际附近1～3cm深的表土中蜕皮化蛹。

4.蛹 体长约19mm，红褐色；腹部第五、六、七节背面近前缘处有横列的马蹄形刻点，中央刻点大而密，两侧渐稀；尾端具1对粗大的刺，刺的两旁各生有短而弯曲的细刺两对。

三、发生规律

1.发生为害特点 黏虫是典型的暴发性远距离迁飞害虫，当虫源基数大、环境条件适宜时，就有可能引起下代黏虫大发生。温湿度、寄主植物、天敌等是影响黏虫田间发生动态的关键环境因子，长势好的作物、密植田及多肥、灌溉好的田块，均有利于黏虫大发生。

温湿度是影响黏虫种群消长、发生世代数量、为害时期、发育速度、交配产卵、存活以及各种行为习性的主要因素之一，决定其发生为害程度。黏虫发育与产卵的适宜温度在16～30℃之间，发育以偏向25℃最为适宜。成虫产卵最适温度为19～22℃。在相对湿度较高（90%）的条件下，当平均温度低于15℃或高于25℃时，成虫产卵数量明显减少。当温度为35℃时，任何湿度条件下成虫均不能产卵。湿度对黏虫产卵的影响也很显著，成虫在产卵最适温度（21℃）条件下，当相对湿度40.9%时，雌蛾平均产卵量19.5粒，且均不能孵化，当相对湿度84.7%时，雌蛾平均产卵量756.1粒，且孵化率很高；在25～32℃、相对湿度22%条件下，卵平均孵化率>90%。34℃时，无论湿度如何变化，卵孵化率均<30%；35℃时，幼虫在任何湿度下均不能成活；相对湿度18%时，幼虫即使在适温（23～30℃）条件下也无法存活；在34～35℃及高湿条件下，成虫可羽化但大多不能展翅。在25℃条件下，湿度越高，蛹的成活率越高。

食物营养也是影响黏虫种群数量的重要因子。黏虫幼虫在取食小麦、鸡脚草和芦苇等禾本科植物时，幼虫发育速度较快，成活率高，蛹重大，成虫繁殖力强；成虫羽化后必须补充营养才能完成迁飞和产卵繁殖的过程，因此补充营养对黏虫发生为害具有重要影响，是影响黏虫田间发生为害程度的重要因子。

天敌是控制黏虫发生的重要生态因素之一。黏虫的天敌类群有鸟类、两栖类、爬行类和蜘蛛、昆虫、病原微生物等，以蜘蛛、昆虫、病原微生物类群为主。

2. 发生世代及世代为害分区 黏虫无滞育特性，只要环境条件适宜，就可以继续生长、发育和繁殖。黏虫每年发生世代数及各世代的发生为害时期因地区或季节的不同而存在差异。除南方越冬和冬季为害世代的虫态历期较长外，各地主要为害世代历期的差异较小。在福建闽侯，越冬代、一代、二代、三代、四代、五代完成1个世代所需的时间依次为139.8d、52.7d、37.7d、36.3d、44.8d和72.1d；在北京，一代、二代和三代黏虫完成1个世代所需时间分别为50.9d、44.1d和46.7d。其中，福建一代和四代、北京3个世代所需的发育时间基本一致。我国黏虫的发生世代数从南向北或从低海拔至高海拔逐渐递减，发生为害时期则有逐步推迟的趋势。我国东部地区划分为5类发生区：

（1）2～3代区。约位于北纬39°以北，包括黑龙江、吉林、辽宁、内蒙古、河北东北部、山西中部和北部、山东东部等地区。全年发生2～3代，以第二（或三）代发生数量较多，6月中旬至7月上旬为二代幼虫盛发期，主要为害玉米、水稻、小麦、谷子、高粱等作物。三代于7～8月间多发，主要为害玉米、水稻和谷子等作物。

(2)3～4代区。约位于北纬36°～39°之间，包括山东西北部、河北中西部、山西东部、河南北部等地区。全年发生3～4代，以第三代发生数量最多，7～8月间为害谷子、玉米、高粱、水稻等作物。一般7月底至8月上中旬为卵和幼虫盛发期。

(3)4～5代区。约位于北纬33°～36°之间，包括江苏、安徽、上海、河南中部和南部、山东南部、湖北北部和西部等地区。全年发生4～5代，以第一代发生数量最多，于4～5月间为害麦类。4月下旬至5月上中旬是第一代幼虫盛发期。

(4)5～6代区。约位于北纬27°～33°之间，包括湖北中南部及湖南、江西、浙江等省大部分地区。全年发生5～6代，以第四（或五）代发生数量最多，主要于9～10月为害晚稻。局部地区第一代发生为害小麦，有的年份二代也为害早稻。

(5)6～8代区。位于北纬27°以南，包括广东和广西南部、福建东南部、台湾等地区。全年发生6～8代，主要以越冬代于1～3月为害小麦或玉米幼苗。第五（或六、七）代于9～10月间为害晚稻。有的年份其他世代偶发，为害早稻。

我国西北、西南地区黏虫发生世代随着纬度与海拔高度的增加而递减，反之递增。在陕西省，陕南地区全年发生4～5代，关中地区全年发生3～4代，陕北地区全年发生2～3代。云南省全年发生6代，西部以二代黏虫多发，有些年份越冬代或四代黏虫也会多发。

3. 越冬规律　黏虫无滞育现象，耐寒力较弱。蛹是黏虫耐低温能力最强的虫态，其次为六龄幼虫。在平均温度≤0℃且持续30d以上的地区，黏虫越冬的可能性极小。我国黏虫的越冬区可大体上分为东部越冬区和西部越冬区：

(1)东部越冬区。我国东部黏虫越冬北界位于北纬32°～34°之间，以1月份0℃等温线为界。在此界线以北的华北、东北等地区，冬季日平均温度≤0℃的天数多在30～60d及以上，黏虫不能越冬；此界线以南，日平均温度≤0℃的天数少于30d，黏虫可越冬或繁殖为害。

（2）西部越冬区。我国西北、西南地区，黏虫世代发生及越冬规律变化较大。在云南，黏虫的越冬规律可分为3种情况：6～8代、5～6代和纬度偏高的部分4～5代区，黏虫冬季仍可取食为害；4～5代和3～4代区的越冬黏虫多呈零星分布；2～3代和1代区黏虫不能越冬。在四川、贵州等省，除了在仅发生2～3个世代的高寒山区无法越冬外，其他地区一般有少量黏虫越冬。在甘肃和陕西，陕西秦岭至甘肃文县一线以北黏虫不能越冬，在以南的河谷低洼区虽可越冬，但虫口密度很低。

4. 迁飞为害规律　黏虫具有远距离迁飞为害特性，其迁飞直线距离最远为1 480km，大多为500km或1 000km。黏虫羽化后第1～2晚迁飞，日落前后起飞，飞行高度一般为200～900m，有时高达1 500m以上。当风速达16～26m/s（60～93km/h）时，一夜可迁飞480～744km。黏虫的迁飞多持续到天亮，一般历时7～12h，有时天亮后4h也会继续迁飞，并有降落后再起飞现象。黏虫迁飞要经过几次夜晚飞行、白天降落休息的昼夜节律，才能完成远距离迁飞的全过程。由于黏虫迁飞过程中有顺风运转的特性，因此黏虫的迁飞是多方向的。我国黏虫迁飞规律如下：

（1）我国东部黏虫迁飞规律。黏虫每年有4次较大规模的南北往返迁飞为害行为，包括2次北迁、2次南迁。

第一次北迁。每年2～4月，南方地区如广东、广西、福建、湖南、江西等地越冬代成虫向北迁飞到江淮流域繁殖为害，形成一代黏虫多发区，幼虫主要于4～5月间为害小麦，少数迁飞能力强的成虫继续迁飞到华北地区和东北地区，但数量较少。

第二次北迁。5月中下旬至6月上中旬，江淮流域一代黏虫在田间为害1代后，除少部分留在本地外，大部分成虫向北迁飞到东北（东三省和内蒙古东北部）和河北北部地区为害，形成二代黏虫多发区，幼虫主要于6月中下旬至7月上旬为害玉米、小麦和谷子等作物。

第一次回迁。二代黏虫成虫于7月中下旬向南回迁到华北地区繁殖为害，或二代黏虫羽化时遇适宜条件小部分回迁，大部分继续滞留在东北等地发生为害，形成三代黏虫多发区，幼虫于7月底至8月中下旬为害玉米、水稻等作物。

第二次回迁。三代黏虫于8月中下旬至9月中下旬从东北、华北等地向南回迁到长江以南或华南地区繁殖为害，幼虫于9～10月主要为害晚稻等作物。为害后可进入越冬或在华南地区继续生长发育，于翌年春季羽化后再向北迁飞。

（2）我国西部黏虫迁飞规律。我国西北、西南大部地区属二代黏虫多发区，虫源主要由江淮流域一代黏虫迁入。黏虫的越冬北界与东部地区纬度基本一致，但由于西部地区大多为高海拔山地，黏虫除水平迁飞外，还有不同海拔间的垂直迁飞活动。黏虫在云南省全年有5次迁飞活动，前3次向北，后2次为向南方向的不同纬度之间迁飞，也有不同海拔间垂直迁飞。东北二代黏虫7～8月回迁时，除向华北地区回迁外，还可向内蒙古中西部、宁夏中东部、陕西东南部等西北地区迁飞，造成西北局部地区多数年份三代幼虫严重为害。西北地区三代成虫可向西南地区回迁，8～9月西北地区黏虫可向云南、贵州、四川等西南地区迁飞越冬。

四、防治技术

根据全国不同地区黏虫发生为害规律，合理利用农业防治、生物防治、物理防治及化学防治等措施，创造有利于天敌繁衍而不利于黏虫发生的生态环境，将黏虫的危害控制在经济允许水平以下。实行"区域防治，治前控后，联防联控"以及"卵、幼虫和成虫协同防治"的防控策略。加强重点区域防控，如加强越冬区和一代多发区的防控，减少黏虫向二代、三代多发区迁入为害；加强二代、三代多发区的防控，减少其回迁为害。越冬区以农业防治、理化诱杀、生物防治为重点，实现黏虫可持续治理；

一代多发区以理化诱杀、生物防治为重点，协同其他防治方法；二代、三代多发区以化学防治以及理化诱杀为重点，协同其他防治方法。

1. 农业防治

（1）除草防虫。黏虫卵期和低龄幼虫期及时除草和中耕培土，破坏黏虫产卵场所和幼虫食源，压低虫源基数，抑制黏虫集中发生为害。

（2）灌水灭蛹。南方水稻田春季结合绿肥翻耕灌水，北方玉米等旱地浅灌，降低黏虫化蛹率和成虫羽化率。

2. 物理防治

（1）性诱剂诱捕成虫。从成虫始发期至盛末期，设置黏虫性诱剂和诱捕器。每个诱捕器间距不小于50m，高度应高于作物冠层。及时更换诱芯，并清理诱捕器中的死虫。

（2）灯光诱杀成虫。从成虫始发期至盛末期，在田间设置杀虫灯（黑光灯）诱杀成虫，灯间距不小于100m，成虫发生期每天晚上开灯，次日清晨关灯。及时清理诱捕的成虫。

（3）糖醋液诱杀成虫。按40°～50°白酒125mL、水250mL、红糖375g、食醋500mL、90%晶体敌百虫3g的比例配制糖醋诱液，置于诱蛾器中，设置在田间诱杀成虫。每日黄昏前将诱剂皿盖打开，次日早上及时清除诱蛾器中的成虫。诱蛾器间距在500m以上，底部距地面1m。

（4）谷草把诱卵。成虫产卵初期至产卵盛末期，在田间插设谷（稻）草把，平均每亩10把，每3～5d更换一次，及时收集并销毁带有卵块的草把。

（5）挖沟封锁幼虫。幼虫群体迁移为害时，在受害田块边缘挖宽30cm、深20cm的沟，沟内撒施杀虫剂粉剂，或撒施15cm的药带（毒土）进行封锁，防止幼虫进一步扩散至其他作物田。

3. 生物防治

（1）天敌保护利用。田边和田埂种植芝麻、大豆、绿肥等蜜源植物，涵养天敌昆虫和蜘蛛等自然种群。释放寄生蜂（黏虫赤眼蜂、黑卵蜂、螟黄赤眼蜂、松毛虫赤眼蜂、姬蜂、茧蜂和绒茧蜂等）和寄生蝇（伞群追寄蝇、双斑截尾寄蝇等）等天敌，对黏虫有很好的防治作用。释放天敌后15d内禁止施用任何化学农药。在喷施药剂时，应选用对黏虫高效、对天敌安全的种类和施药方法。

（2）生物农药。黏虫卵孵化盛期和低龄幼虫期，采用微生物杀虫剂（苏云金杆菌、球孢白僵菌、金龟子绿僵菌等）、昆虫生长调节剂（灭幼脲等）、植物源杀虫剂（印楝素等）等进行防治，临近桑园的田块不能使用苏云金杆菌。

4.化学防治

（1）准确测报。准确测报是确定黏虫防治适期和方法的关键，调查主要包括大区为害范围、为害程度、发生期和发生量等，两查两定，即查虫口密度定防治田块，查发育进度定防治适期。

（2）防治适期和防治指标。三龄幼虫为害前为防治关键期，集中连片地区普治重发生区。若防治失效或漏治，幼虫已达四至六龄时，选用触杀作用较强的药剂及时补治。施药时间一般为傍晚及早晨露水已干时。根据黏虫不同世代和为害作物，防治指标有所差异。

不同寄主植物和发生世代黏虫防治指标

作物	小麦、水稻	玉米、高粱		谷子
作物生育期	苗期/分蘖期至穗期	苗期	成株期	苗期至穗期
防治指标	10.0头/m²	10.0头/百株	50.0头/百株	5.0头/m²

注：其他作物或其他发生代次参考以上防治指标。

（3）药剂选择。药剂品种应选择已取得农药登记且防治对象包含黏虫的品种，比如40%溴酰·噻虫嗪、25g/L高效氯氟氰菊酯、200g/L氯虫苯甲酰胺、25g/L溴氰菊酯、100亿孢子/g球孢白僵菌等。

农药用量、施用方法、使用次数以及安全间隔期等应遵守《农药合理使用准则》及药剂使用说明书的规定。

（4）施药方法。黏虫大面积集中迁入、种群密度高、连片为害时，采用农用无人机或自走式施药机械，发挥专业化服务组织的优势，开展统一防治，提高防治效果。局部为害区，采用手动喷雾器或机动喷雾机防治。

五、调查方法

1.**成虫诱测及雌蛾卵巢发育进度调查** 在常年适于成虫发生的场所，设置1台20W虫情测报灯，灯管下端与地面垂直距离为1.5m，每年更换一次灯管，放置地点要求四周无高大建筑物或树木遮蔽。也可在开阔且易受害作物田中设置性诱剂诱捕成虫，相邻诱捕器间距不小于50m，或选择离村庄稍远、比较空旷、容易受害的作物田设置诱蛾器，诱蛾器底部距离地面1m，且相邻诱蛾器间距不小于500m。记录诱蛾量，同时在盛蛾期隔日解剖检查一次雌蛾（20头）卵巢发育级别、各级数量和交尾情况，诱蛾量不足20头时需全部检查，黏虫卵巢发育进度采用5级分级法划分。

2.**卵量调查** 在一代黏虫发生区3月10日至4月20日，二代发生区5月25日至6月20日，三代发生区7月10日至8月10日，成虫始发期至盛末期，采用草把诱卵法进行诱卵调查，从插草把第一天起，每3d检查并更换一次草把，仔细清点卵块数；同时抽取10块卵，检查其卵粒数。记载单个卵块最多、最少和平均卵粒数。

3.**幼虫调查** 一代发生区自4月1日至暴食期止，二代发生区自6月1日至暴食期止，三代发生区自7月15日至暴食期止，四代发生区自晚秋世代成虫盛期至暴食期止，每3d调查一次。选取当地主要寄主作物田，固定1～3块为系统调查田。每块田棋盘式10点取样，小麦、谷子、水稻每点1m²，计录每平方米虫量；玉米、高粱每点10株，调查后折算为平均百株虫量。

六、防治效果评价方法

1.调查方法、时间和次数

（1）调查方法。每小区5点取样，每点取1m²。密植作物于单行作物间铺白布，每行1m长，逐行拍打作物下部使黏虫幼虫振落于布面上，记录布面上及散落在地面上的活虫数；稀植作物直接计数作物上及调查点内的活虫数。

（2）调查时间。施药前调查虫口基数，施药后1、3、7d各调查一次，如有必要，可调查药后10～14d或更长，记录幼虫数量。

2.药效计算方法

依据如下公式计算药效：

$$虫口减退率 = \frac{施药前虫数 - 施药后虫数}{施药前虫数} \times 100\%$$

$$防治效果 = \frac{处理区虫口减退率 - 空白对照区虫口减退率}{1 - 空白对照区虫口减退率} \times 100\%$$

$$或防治效果 = \frac{1 - 空白对照区药前虫数 \times 处理区药后虫数}{空白对照区药后虫数 \times 处理区药前虫数} \times 100\%$$

稻　飞　虱

一、分布与为害

　　稻飞虱是为害水稻的褐飞虱 [*Nilaparvata lugens* (Stål)]、白背飞虱 [*Sogatella furcifera* (Horváth)] 和灰飞虱 [*Laodelphax striatellus* (Fallén)] 的统称，属半翅目飞虱科。

　　稻飞虱在我国分布广泛，其中，褐飞虱分布于除新疆、青海、内蒙古、黑龙江以外的各省份，包括东北南部、延安、兰州、川西及以南的区域，分布北界在磐石、盘锦、北京、延安、兰州、宝兴、察隅、藏南一线；白背飞虱和灰飞虱的分布更广，我国各省份均有分布。在3种稻飞虱的分布区中，只有田间虫量达到经济阈值，对水稻造成明显产量损失时才需要防治，因此，实际的防治区远小于分布区，且不同种类飞虱之间差异明显。

　　褐飞虱是发生为害最重的稻飞虱，常年在长江中下游及以南稻区发生为害，其他区域属偶发区，除局部地区个别年份外，一般不造成危害，无须防治。白背飞虱总体为害程度次于褐飞虱，主要在西南、长江中下游、华南等区域发生为害，其他地区偶发，一般不需防治。灰飞虱发生相对较轻，主要在黄淮、江南和东北南部稻区发生为害，其他地区偶发，一般无须防治。3种稻飞虱都可以传播水稻病毒病，对水稻造成更严重的产量损失。

　　稻飞虱对水稻的危害主要为两个方面。一是直接吸食水稻汁液，造成稻株营养成分和水分的丧失，严重时可导致严重减产，甚至失收。3种稻飞虱直接为害的症状有所不同（下图1～3），褐飞虱极易造成"虱烧"、"冒穿"等症状；白背飞虱常引起"黄塘"，但对部分感虫品种也可造成"冒穿"倒伏；灰飞虱则可能引起稻穗发黑、结实率下降等症状。二是传播多种水稻病毒病造成间接危害（下图4）。灰飞虱可传播水稻条纹叶枯病、水稻黑条矮缩病，危害甚至超过了其吸食稻株汁液的损失；白背飞虱传播南方水稻黑条矮缩病，曾在我国南方稻区大流行；褐飞虱可传播水稻锯齿叶矮缩病、水稻草丛状矮缩病等，严重威胁水稻生产。

3种稻飞虱为害水稻的典型症状
1.褐飞虱为害引起的"虱烧"倒伏　2.白背飞虱为害引起的"黄塘"
3.灰飞虱为害水稻穗部症状　4.白背飞虱传播的南方水稻黑条矮缩病症状

　　稻飞虱吸食过程中还分泌大量富含营养的蜜露，覆盖在稻株上，极易滋生煤污病，出现稻叶或植株发黑，影响叶片正常的生理功能。成虫产卵时刺穿组织，造成大量伤口，亦为小球菌核病等病害的侵染提供有利条件。

二、形态特征

1. 成虫　有长、短两种翅型，长翅型连翅体长 3.3～4.8mm，短翅型体长 2.0～3.5mm，雌虫一般大于雄虫。褐飞虱有深浅不一的体色（从黄褐色至黑褐色），白背飞虱和灰飞虱体色相对稳定。3 种稻飞虱可依据头顶和额的形状、颊和中胸背板的颜色以及后足第 1 跗节小刺等形态特征进行识别。

3 种稻飞虱成虫形态特征的比较

特征		褐飞虱		灰飞虱		白背飞虱	
		雌虫	雄虫	雌虫	雄虫	雌虫	雄虫
体长 (mm)	长翅型	4.2～4.8	3.6～4.2	3.6～4.0	3.3～3.8	4.0～4.5	3.3～4.0
	短翅型	2.8～3.2	2.4～2.8	2.3～2.6	2.0～2.3	2.9～3.5	2.7～3.0
头顶		近方形，稍突出于复眼前方				近长方形，明显突出于复眼前方	
额		中部最宽				近端部（下部）1/3最宽	
颊		褐色至黑褐色		黑色		灰褐色	黑褐色
中胸背板		褐色至黑褐色		中部黄褐，两侧暗褐	黑色	中部黄白色，两侧黑褐色	
虫体背面	长翅型						
	短翅型						

(续)

特征	褐飞虱		灰飞虱		白背飞虱	
	雌虫	雄虫	雌虫	雄虫	雌虫	雄虫
后足第1跗节	外侧具小刺		外侧不具小刺			

2. 卵　褐飞虱与灰飞虱卵粒的形态、产卵后留下的产卵痕都比较相似，不易区分，但与白背飞虱的形态差别较大，容易区分。褐飞虱呈香蕉状，产卵痕露出紧密相连的卵帽，露出的卵帽近似椭圆形；灰飞虱卵呈茄子状，产卵痕似褐飞虱；白背飞虱卵呈新月形，产卵痕为开放的裂缝，卵通常不外露，卵帽不相连，卵粒间相互分离。

3种稻飞虱的卵及产卵痕的比较

特征指标	褐飞虱	灰飞虱	白背飞虱
卵粒长×宽	1.04mm×0.22mm	0.78mm×0.21mm	0.8mm×0.2mm
卵粒形态	香蕉状，卵帽相连 	茄子状，卵帽相连 	豆荚形，卵帽尖而分开
产卵痕形态	卵帽与植株间结合无缝，卵帽露出，椭圆形 		裂缝状，卵帽多不外露

3. 若虫　若虫共5龄，不同龄期主要依据翅芽发育程度和体型大小进行判别，不同种类则依据体色、腹部背面斑纹等进行识别。

3种稻飞虱若虫的形态特征

龄期	褐飞虱		灰飞虱		白背飞虱	
一龄	体长1.1mm，灰褐至灰黑色；腹部节间膜和背中线黄白色，且第4、5节有浅色区，与后方腹中线呈T形浅斑		体长1.0mm，灰白至淡黄色；腹背无斑纹，或有不明显的浅灰色横条纹		体长1.1mm，灰褐至灰黑色；腹部背中线和节间膜灰白色，形成清晰的"丰"字形浅色斑纹	
二龄	体长1.5mm，体色同一龄，腹背T形斑因其色渐深而模糊；前翅芽稍向后突		体长1.2mm，灰黄至灰白色，身体两侧颜色开始变深；前翅芽稍向后突		体长1.3mm，淡灰至灰褐色；胸腹部背面具灰黑色斑纹；前翅芽稍向后突	
三龄	体长2.4mm，黄褐至黑褐色，腹部第3、4节背板各有1对较大的浅色斑，与背中线和节间膜排列成"山"字形，其他各节两侧缘有1~2个浅色斑。翅芽明显后突		体长1.5mm，灰黄至黑褐色，腹背两侧缘色深，中间色浅，第3、4节背面各有1对淡色"八"字形斑，有的第6~8节背面中央具模糊的浅横带。翅芽明显后突		体长1.7mm，腹部第3、4节各镶嵌有1对浅色大斑。深色型灰黑至黑褐色，背中线、节间膜及腹背两侧斑纹黄白色；浅色型灰黄褐色，胸腹部背面散生灰黑色弧状斑。翅芽明显后突	

（续）

龄期	褐飞虱	灰飞虱	白背飞虱
四龄	体长2.6mm，前翅芽伸达后胸后缘，其余同三龄	体长2.0mm，前翅芽伸达后胸后缘，其余同三龄	体长2.2mm，前翅芽伸达后胸后缘，其余同三龄
五龄	体长3.2mm，前翅芽伸达或超过后翅芽端部，其余同四龄	体长2.7mm，前翅芽伸达或超过后翅芽端部，其余同四龄	体长2.9mm，前翅芽伸达或超过后翅芽端部，其余同四龄

三、发生规律

褐飞虱和白背飞虱是典型的远距离迁飞害虫，灰飞虱在大多数地方都可越冬且可兼性迁飞。一年中3种稻飞虱的发生时间有所不同，在长江中下游稻区，前期以灰飞虱为主，主要为害早稻分蘖期；中期以白背飞虱为主，主要为害早稻穗期、单季中稻和晚稻分蘖期；后期以褐飞虱为主，主要为害晚稻、单季中稻。3种稻飞虱在田间稻丛中的垂直分布特征亦有差异，褐飞虱一般分布于稻丛基部，灰飞虱则喜分布于稻丛上部叶片、叶鞘或稻穗，白背飞虱居中。

1.褐飞虱 年发生1～12代，由南往北代数递减，海南南部12代，吉林通化仅1代。除北纬21°以南地区可终年繁殖、北纬21°～25°之间少量零星越冬外，北纬25°（大致为1月12℃等温线）以北均不能越冬，每年虫源由南方迁飞而来。褐飞虱是一种逐代、逐区、呈季节性南北往返迁移的害虫，其迁移受我国东亚季风和作物生长季节变化同步制约。一般每年3月下旬至5月，随西南气流由中南半岛迁入两广南部发生区（北纬19°至北回归线），繁殖1～3代，于6月间早稻黄熟时随季风北迁，主降于南岭发生区（北回归线至北纬26°～28°），7月中旬至7月下旬南岭区域早稻黄熟收割，再北迁至长江流域及以北地区。9月中下旬至10月上旬，长江流域及以北地区水稻黄熟，产生大量长翅型成虫，随东北气流向西南回迁。外来虫源区，每年虫源迁入的迟早和数量对当地褐飞虱发生的迟早、世代数和发生程度有直接影响。

长翅型成虫为迁飞型，短翅型成虫为居留繁殖型，其产卵前期较长翅型短，繁殖力较强。食料条件、虫口密度是褐飞虱翅型分化的主要外部诱发因素。一般分蘖期和孕穗期水稻有利于短翅型的产生，黄熟期水稻有利于长翅型的产生；虫口密度过大会诱发长翅型比例增高。

成虫和若虫喜聚集在稻丛下部距水面20cm以内的茎秆上栖息和取食。成虫有强趋光性，20：00～23：00扑灯多，对双色灯及金属卤化物灯的趋性较强。雌虫一般只交尾1次，而雄虫可多次交尾。26～28℃条件下，成虫寿命15～25d，产卵前期2～3d，卵期7～8d，若虫期12～14d。雌虫繁殖力强，多在下午产卵，产卵高峰期通常持续6～10d。每雌产卵200～700粒，多者超过1 000粒。

喜温喜湿，生长适温20～30℃，最适温26～28℃，适宜湿度在80%以上；盛夏不热、深秋不凉、夏秋多雨是该虫大发生的气候条件。肥水管理不当，如施氮肥过多导致叶片徒长、荫蔽度大的田间小气候有利于褐飞虱的大发生。

食料条件是影响褐飞虱发生的重要因素。水稻不同生育期因营养条件不同，不但影响褐飞虱翅型分化，还对其生长发育和繁殖力有较大影响，一般取食孕穗期水稻的褐飞虱若虫发育历期最短、繁殖力最高，取食秧苗期的反之。

　　水稻品种抗性对褐飞虱迁入后的发生起着关键的作用，抗性好的品种往往不需要采取其他防治措施就能有效防控褐飞虱，感虫甚至超感虫的品种即使大量使用化学农药褐飞虱仍可能大发生。然而，抗虫品种大面积种植一定时间后，褐飞虱致害能力易发生改变，使原本抗虫的品种变为感虫。目前我国大多数地区的褐飞虱对含抗虫基因 *Bph1*、*bph2* 的水稻品种均已有较强的致害能力，对含抗虫基因 *Bph3* 的水稻品种的致害能力亦明显上升，在抗虫品种的选用上应予以重视。

　　田间天敌对稻飞虱发生有很大的抑制作用。褐飞虱的天敌种类众多，卵期天敌主要有稻虱缨小蜂、黑肩绿盲蝽，若虫、成虫天敌有多种蜘蛛、螯蜂、捻翅虫、线虫、步甲、隐翅虫、尖钩宽黾蝽等。缨小蜂对卵的寄生率高达 40%～70%，盲蝽捕食率亦可达 47%～80%，线虫对其成虫寄生率甚至可超过 90%。

　　2. **白背飞虱**　年发生 1～12 代，海南南部终年繁殖区 1 年发生 11～12 代，往北发生代数减少，东北 1～3 代。发生代数与不同纬度虫源迁入的迟早有关，与气候、水稻耕作制度和海拔等条件也有关。

　　越冬北界在 1 月 10℃ 等温线，以南地区能零星越冬，海南南部等地可终年繁殖；以北地区不能越冬，初始虫源均系异地迁飞而来。同褐飞虱一样，白背飞虱也是一种逐代、逐区、呈季节性南北往返迁移的害虫，其迁移受我国东亚季风和作物生长的季节变化同步制约。一般每年 3～8 月随西南或偏南气流向北迁飞，间歇出现的西向气流可使该虫从东部地区迁入我国西部地区；分批次、逐代北迁，9～10 月随东北或东向气流自北往南回迁。

　　成虫有强趋光性和趋嫩性。25～29℃ 下，卵历期 6～9d，若虫历期 10～15d，雌虫寿命约 20d，雄虫约 15d。雌虫产卵期一般 10～19d，每雌产卵 180～300 粒，产卵部位随水稻生育期延迟而逐渐上移，分蘖期多产于稻茎下部叶鞘，孕穗期产于稻茎中部叶鞘，黄熟期则多产于倒 1、2 叶的叶鞘。

　　同褐飞虱一样，各地白背飞虱的发生程度与迁入的虫源数量密切相关,同时取决于当地的水稻生育期、品种抗虫性、水肥管理、气候、降水量和天敌数量等因素。若条件适宜,白背飞虱易迅速大量增殖,暴发成灾。

白背飞虱对温度的适应性比褐飞虱强,耐寒力强于褐飞虱,生长适温范围15～30℃,宽于褐飞虱,是其分布区域大于褐飞虱的主要原因。白背飞虱对湿度要求亦较高,适宜相对湿度80%～90%。白背飞虱主害代前期多雨、后期干旱是大发生的前兆,如长江中下游6～7月为大量产卵和繁殖期,若降水量较多,相对湿度85%～90%,则多为重发年份。水肥管理直接影响田间小气候,若水肥管理不当,稻苗贪青,不但吸引成虫产卵,还因植株茂密,田间荫蔽度高、湿度大,有利于白背飞虱的发生。

水稻不同生育期中,以分蘖盛期至孕穗抽穗期营养最适合白背飞虱存活,黄熟期则不适于其生存。品种抗虫性是影响白背飞虱大发生的关键因素,近年来,江浙单季晚粳稻对白背飞虱抗性普遍较好,白背飞虱发生明显较轻。

白背飞虱的天敌种类与褐飞虱相似,天敌是抑制该虫发生的重要因子。

3. 灰飞虱　东北的吉林年发生3～4代,华北地区4～5代,长江流域5～6代,福建6～8代,广东、广西、云南7～11代,除7～11代区南部无越冬现象外,其他地区均以若虫在本地越冬,以三至四龄若虫(少量二龄和五龄若虫)在麦田、紫云英或沟边杂草上越冬。越冬期间一般不蜕皮,以休眠或滞育方式越冬,可微弱活动,当气温高于5℃时,能爬到寄主上取食,早春旬平均气温10℃左右开始羽化,12℃左右达羽化高峰。我国华东地区,冬季11月开始越冬,翌年3月结束越冬。灰飞虱有兼性迁飞特性,每年的虫源既可来自本地,也有外地迁入。据观察,浙江、江苏等地灰飞虱第一代成虫既有本地转移,也有远距离迁入。

灰飞虱一年内有明显的季节性寄主转移现象。华东地区,夏季5～6月从越冬寄主麦类向夏寄主水稻、玉米上转移,而秋季9～10月又从夏寄主水稻向越冬寄主迁飞转移。全年的种群密度常年以麦田第一代和稻田第五代为最高，此时正是全年传播水稻、玉米、麦类多种病毒病害的关键时期。

灰飞虱在稻田出现远早于褐飞虱、白背飞虱。华北稻区越冬若虫4月中旬至5月中旬羽化，在迟嫩麦田繁殖1代后迁入水稻秧田和直播本田、早栽本田或玉米田，6～7月大量迁入本田为害，9月初水稻抽穗期至乳熟期第四代若虫数量最大，为害最重。南方稻区越冬若虫3月中旬至4月中旬羽化，以5～6月早稻中期发生较多。

灰飞虱长翅型成虫有趋光性，但比褐飞虱弱。成虫有明显的趋嫩性，凡早播早栽、氮肥多、生长嫩绿茂密的稻田虫口密度高。灰飞虱在田间喜通透性良好的环境，栖息于植株较高的部位，并常向田边聚集。成虫翅型呈季节性变化，越冬代多为短翅型，其余各代以长翅型居多，雄虫除越冬代外几乎全为长翅型。

卵历期最短5～7d，若虫期最短13～16d，雌虫产卵前期4～8d。雌虫一般产卵数十粒，越冬代产卵较多，平均可产200多粒，最多达500多粒。卵产于植株组织中，喜在生长嫩绿、高大茂密的植株上产卵，每个卵块多含5～6粒卵。

灰飞虱有较强的耐寒能力，但高温适应性差，生长发育最适温度23℃，超过30℃，发育速率延缓、死亡率高、成虫寿命缩短。在长江中下游，夏季高温是灰飞虱发生的限制因子；华北稻区夏季极少出现平均超过30℃以上的高温，无高温限制因子，其发生量与7～9月的降水量关系密切，降水量少，短翅型雌虫大量增加，有利于大发生。

麦田（特别是小麦田）面积大的地区，由于食料丰富，繁殖量大，迁入稻田的虫口基数一般较高。在小麦与单季中晚稻连作地区，或冬小麦—双季稻和单季中晚稻混栽区，因寄主条件适宜，有利于灰飞虱的发生。施用氮肥过多，稀播稀植，小株或单株插秧，稻苗生长嫩绿，分蘗多，易诱集成虫产卵并导致病毒病流行。

天敌对该虫抑制作用较强，天敌主要种类同褐飞虱和白背飞虱，以螯蜂、线虫、稻虱缨小蜂的抑制作用相对较大。此外，还发现可捕食低龄若虫的捕食螨。

四、防治技术

优先采用农业防治、物理防治措施，充分发挥稻田生态系统的自然控害能力，在此基础上，通过合理用药实现对稻飞虱的有效防控。

1. **农业防治** 各稻区因地制宜采取农业防治措施：①选用抗（耐）虫水稻品种，通过合理进行肥水管理培育健康水稻，提高水稻植株抵抗稻飞虱的能力。②稻田周边和田埂保留禾本科功能性杂草，种植显花植物，保护自然天敌，提高稻田生态系统对稻飞虱的系统抗性。③适当调节水稻播种期，如江苏稻麦轮作区适当推迟单季晚稻的播种期，显著减少麦田迁入稻田的灰飞虱量及其传播的病毒病发病率。

2. **物理防治** 稻飞虱传播的病毒病流行地区，用防虫网或无纺布覆盖秧田，可以防虫并阻止飞虱传毒。

3. **化学防治**

（1）防治指标。根据水稻品种类型和虫情，可采用达标防治和控制主害代的策略。稻飞虱具有突发性，化学防治是重要的应急措施，但不能见虫就打药，仅对达到防治指标的田块进行防治。由于各地栽培制度、品种类型、水稻生育期不同，防治指标不尽相同。一般水稻前中期防治指标从严，后期适当从宽，各类单季中晚稻和连作晚稻拔节孕穗期至穗期，当田间短翅雌虫虫量较高时从严。在5%经济允许损失水平下，防治指标为分蘖期1 000头/百丛，穗期1 500头/百丛。

（2）药剂选择原则。一是选用低毒、高效、安全的药剂，后期应低残留。按照药剂速效性和持效期不同，常用的防治褐飞虱药剂可分为3类：第一类为触杀性药剂，杀虫作用快、持效期短，如敌敌畏等有机磷类农药，异丙威、仲丁威等氨基甲酸酯类农药，醚菊酯等醚结构农药。第二类为持效期长、杀虫作用较缓慢的品种，如噻嗪酮、吡蚜酮等。第三类兼具较好速杀性和较长持效期，如烯啶虫胺、呋虫胺、三氟苯嘧啶等。在实行压前控后策略的稻田，水稻前期应选用第二、三类持效期较长的药剂，同时避免使用对天敌毒性较大或对褐飞虱有刺激作用的药剂，如敌敌畏、毒死蜱、异丙威等，兼治其他害虫时避免使用三唑磷、拟除虫菊酯类、甲氨基阿维菌素苯甲酸盐、阿维菌素等药剂，减少后期防治压力。防治主害代，选用第三类药剂或选用第一、二类药剂的复配剂或混用，可迅速压低虫口基数，并保持一定的持效期，控制残存虫口。

二是严格限制使用稻飞虱抗药性较突出的农药品种，实行无交互抗性品种间的合理轮用或混用。对产生高抗药性的吡虫啉、噻虫嗪、噻嗪酮，暂停用于防治褐飞虱，并控制用于防治白背飞虱。对抗性上升明显的呋虫胺、烯啶虫胺、吡蚜酮，每季水稻使用次数限制在1次，严格执行无交互抗性的杀虫剂间的合理轮用或混用，延缓稻飞虱抗药性的进一步发展，避免防治失效。

（3）施药方法。药剂防治适期为若虫一至三龄高峰期，将药液喷到稻丛基部稻飞虱栖息部位。

一是喷雾或泼浇。选择担架式喷雾器或机动高压喷雾器，施药时田间应保持3～5cm浅水层，用足水量，一般分蘖期每亩对水30kg，拔节期以后水稻群体大，每亩对水45～60kg，粗雾喷射于水稻基部，亦可大水量（每亩200～300kg）泼浇，确保药剂到达稻丛基部。

二是撒施毒土。水稻后期田间缺水或遇干旱时，可用撒施毒土熏蒸的办法。每亩选用80%敌敌畏乳油120～150mL，可先用少量水稀释药剂，与15～20kg干燥的细土或细沙混拌，制成毒土，均匀撒于稻丛基部。

五、调查方法

1. 田间虫量　每隔5d调查1次，用于掌握秧田、本田的成虫和高龄、低龄若虫发生动态。秧田调查仅在常年秧田发生量较大的地区进行，采用目测法或扫网法随机取样，每块田10个点。本田调查在水稻移栽后，采用平行跳跃法取样，每块田查25～50丛或50丛以上。

2.**田间卵量** 掌握秧田和本田的卵量、卵发育进度及被寄生情况。秧田采用棋盘式10点取样，每点10株。本田采用平行跳跃法10点取样，每点2～5丛，每丛拔取1株分蘖，带回室内镜检。

3.**大田虫情普查** 掌握面上稻飞虱发生情况。于主害代前1代二龄、三龄若虫盛期及主害代防治前、防治后10d，采用平行跳跃法取样，每块田查5～10点，每点查2丛。

4.**为害情况调查** 稻飞虱主害代为害稳定期，采用大面积目测巡视法，调查区内"冒穿"、"黄塘"或"虱烧"等出现的田块数和面积，折算净受害面积。计算调查区受害田块和面积的百分比，估算产量损失。

六、防治效果评价方法

调查田采用5点取样法，每点调查10～20丛水稻，分别于药前、药后7d和14d调查稻飞虱虫量，计算校正减退率（校正防效）。

$$虫口减退率 = \frac{防治前虫量 - 防治后虫量}{防治前虫量} \times 100\%$$

$$校正减退率 = \frac{防治区虫口减退率 - 对照区虫口减退率}{1 - 对照区虫口减退率} \times 100\%$$

稻纵卷叶螟

一、分布与为害

　　稻纵卷叶螟[*Cnaphalocrocis medinalis* (Guenée)] 属鳞翅目草螟科纵卷叶野螟属，俗称卷叶虫、刮青虫、白叶虫等。分布于我国各稻区，北起黑龙江、内蒙古，南至台湾、海南，以南方稻区为害严重。 主要为害水稻叶片，初孵幼虫先从叶尖沿叶脉来回爬

稻纵卷叶螟为害状

动,大部分钻入心叶,导致心叶出现针尖大小的白色透明点,很少结苞,也有少数在叶边缘吐丝卷叶,但吐丝范围小,不转叶为害。二龄幼虫开始常在叶尖卷成小卷苞,为"卷尖期",为害处呈透明白条状,仍不转叶为害。三龄幼虫后期开始转叶为害,一般在黄昏19~20时及凌晨4~5时转移,虫苞多为单叶管状。四龄幼虫转叶频繁,虫苞上形成白色长条状大斑。五龄幼虫纵卷整片叶,藏于苞内取食叶片上表皮及叶肉,仅留白色下表皮,造成叶片刮白。

二、形态特征

1. **成虫** 体长7~9mm,翅展12~18mm。翅为黄褐色,前、后翅外缘有黑褐色宽边,前翅前缘暗褐色,有内、中、外3条黑褐色横纹,中横纹短,不达后缘。雄蛾前翅中横纹前端有1黑色瘤状纹,前足跗节基部有1丛黑毛。雄蛾停息时尾部常上翘,雌蛾则尾部平直。

2. **卵** 近椭圆形,长约1mm,扁平,中央稍隆起,卵壳表面有网状纹。

3. **幼虫** 体形细长,圆筒形,略扁。共5龄,个别6龄。一龄幼虫体长约2mm,头黑色,体淡黄绿色,前胸背板中央黑点不明显。二龄幼虫体长约3mm,头淡褐色,体黄绿色,前胸背板前缘和后缘中部各出现2个黑点,中胸背板隐约可见2个毛片。三龄幼虫体长约6mm,头褐色,体草绿色,前胸背板后缘2个黑点转变为2个三角形黑斑,中、后胸背面斑纹清晰可见,尤以中胸更为明显。四龄幼虫体长约9mm,头暗褐色,体绿色,前胸背板前缘2个黑点两侧出现许多小黑点,连成括号形,中、后胸背面斑纹黑褐色。五龄幼虫体长14~19mm,头褐色,体绿色至黄绿色。老熟幼虫橘红色,前胸背板淡褐色,上有1对黑褐色斑纹。中、后胸背面各有8个毛片,分成两排。

4. **蛹** 体长7~10mm,长圆筒形,臀棘具8根钩刺,初为淡黄色,后为红棕色至褐色。

稻纵卷叶螟卵

稻纵卷叶螟成虫（左：雌；右：雄）

稻纵卷叶螟幼虫（左：低龄；右：高龄）　　稻纵卷叶螟蛹（左：雌；右：雄）

三、发生规律

　　稻纵卷叶螟在我国各地的发生世代随着纬度的升高从南向北顺次递减。海南陵水县1年发生10～11代，在黑龙江全年可以完成1个世代的地区，大致相当于7月份平均气温22℃等温线附近。依据稻纵卷叶螟的发生代数、主害代为害时期、越冬情况及水稻栽培制度等，我国东半部可以划分为5个发生区，即海南周年为害区、岭南区、江岭区、江淮区和北方区。其中江岭区由于早稻栽插、成熟期和虫源迁出期不同，又可分为岭北和江南2个亚区。海南周年为害区：大陆海岸线以南，包括雷州半岛、台湾南端、海南岛等地，年发生9~11代，多发代为第一至二代（2~3月）、第六至八代（7月中旬至9月）。岭南区：从我国南海岸线到南岭山脉之间的地区，包括两广南部、台湾、福建南部，年发生6~8代，多发代为第二代（4月下旬至5月中旬）、第六代（9月至10月初）。岭北亚区：南岭山脉以北到洞庭、鄱阳两湖湖滨地区的南端一线（约北纬29°）之间的地区，包括广西北部、福建中部和北部、湖南、江西、浙江中部和南部，年发生5~6代，多发代为第二代（6月）、第五代（8月下旬至9月中旬）；江南亚区：沿长江中游两岸到洞庭湖、鄱阳湖湖滨南端一线以北，大致在北纬29°~31°之间，包括湖南、江西、浙江3省北部，湖北、安徽两省南部，年发生5~6代，多发代为第二代（6月中旬至7月上旬）和第五代（8月底至9月中旬）。江淮区：包括沿江、沿淮、江苏南部、上海及山东和陕西南部的泰沂山区到秦岭一线以南地区，年发生4~5代，多发代为第二至三代（7~8月），或第二、四代（7、9月）。北方区：泰沂山区到秦岭一线以北地区，包括华北、东北直至黑龙江等地，年发生1~3代，多发代为第二代（7月中旬至8月）。

　　我国东半部地区稻纵卷叶螟的迁飞方向与季风环流同步进退，即春夏季随着高空西南气流逐代逐区北移，秋季又随着高空盛行的东北风大幅度南迁，从而完成周年的迁飞循环。在不同发生区，亦可看出虫源的迁出和迁入呈现南北衔接和演替的现象，表现为迁出区蛾量的突减和迁入区蛾量的突增。迁入区根据迁入虫量的多少，又可分为主降区和波及区。主降区通常即代表一个发生区，迁入的虫量大，蛾峰明显，是构成当地主害代的重要虫源；波及区迁入的虫量少，蛾峰不明显，反映了各代初发世代虫源的迁入。我国从海南岛到辽东半岛，每年3~8月出现6次同期突增现象，反映了5个代次的北迁实况，秋季8月底至10月自北向南有3次回迁。

稻纵卷叶螟成虫昼伏夜出，喜温湿。日间多藏匿在茂密的稻田里，也有的在田边杂草中栖息。一生交尾多次，卵多单产。幼虫纵卷叶片结苞为害，可转苞为害。稻纵卷叶螟卵期3～6d，幼虫期15～26d，蛹期5～8d，雌蛾寿命5～17d，雄蛾寿命4～16d。

稻纵卷叶螟的发生为害常与以下因素有关：①温、湿度。生长发育需适温高湿，以温度22～28℃、相对湿度80%以上最为适宜。阴雨多湿有利于其发生，高温干旱或低温都不利于其发育。迁飞行为受温度、湿度、风速、风向等气候条件的影响。温度显著影响成虫起飞行为、飞行能力及再迁飞能力。锋面降雨天气有利于迁入蛾源的降落。雨日多，成虫迁入量也大。在卵盛孵期间，连续大雨对低龄幼虫不利。②寄主植物和种植制度。寄主植物种类、品种以及生育期决定食料质量，与稻纵卷叶螟的发生有明显关系。稻纵卷叶螟一般在叶色深绿、宽软的水稻品种上较叶色浅淡、质地硬的品种上发生重；水稻株高等形态学性状与稻纵卷叶螟侵害具一定的相关性，在矮秆品种上较高秆品种上发生重；在晚粳上发生为害大于晚籼和杂交稻，又大于常规稻。叶脉间具有致密硅链的水稻品种对稻纵卷叶螟具有抗性。栽培管理措施可以改变水稻的生长发育状况，影响稻纵卷叶螟的发生；偏施氮肥或施肥过迟，造成稻苗徒长和叶片下披，易于诱蛾产卵，有利于幼虫发生；稻田适量施钾肥或硅肥可降低稻纵卷叶螟的发生与为害。种植制度与稻纵卷叶螟的食料状况及迁飞有密切关系，一般连作稻发生重于间作稻。单季稻播种时间的前移和移栽时间的提早，改善迁入代的食料条件，有利于稻纵卷叶螟的发生。③天敌。寄生性天敌卵期主要有螟黄赤眼蜂、稻螟赤眼蜂和松毛虫赤眼蜂；幼虫期有稻纵卷叶螟绒茧蜂、螟蛉绒茧蜂、扁股小蜂等；蛹期有寄生蝇、姬蜂、广大腿蜂。捕食性天敌有蜻蜓、豆娘、蜘蛛、隐翅虫、步甲、青蛙等。天敌对稻纵卷叶螟种群具有明显的抑制作用。④化学农药。杀虫剂种类更替及使用量变化对该虫发生常具有明显影响。非靶标药剂吡虫啉等可以促进其生殖。

四、防治技术

1.**利用生物多样性和合理进行水肥管理** 稻纵卷叶螟的防控应采取综合措施，通过合理田间布局，种植芝麻等蜜源植物，增加稻田系统生物多样性，促进天敌控害功能。根据土壤营养状况合理施肥，水稻生长前期减施氮肥，增施硅肥和钾肥，防止前期猛发旺长，后期恋青迟熟。科学管水，适当调节搁田时期，降低卵孵化期的田间湿度。充分利用水稻补偿机制，适当放宽防治指标，水稻生长前期不用或慎用农药。

2.**释放稻螟赤眼蜂** 稻纵卷叶螟卵发生期，每代释放稻螟赤眼蜂3次，间隔3～5d，于清晨或傍晚放蜂，每亩均匀设置5～8个放蜂点，每点间隔约10m。放蜂量为每亩每次10 000～16 000头。蜂卡高度与水稻叶冠层平齐，高温季节置于叶冠层下5～10cm，手抛型释放器可直接抛入水面。

释放赤眼蜂防治稻纵卷叶螟

3.**性信息素诱杀** 于稻纵卷叶螟蛾始见期至蛾盛末期，田间设置稻纵卷叶螟性信息素和干式飞蛾诱捕器，诱杀雄蛾。性信息素诱捕器应大面积连片均匀放置，或以外围密、内圈稀的方式放置。平均每亩设置1套诱捕器，水稻苗期诱捕器下端距地面50cm，中后期随植株生长进行调整，低于稻株顶部10～20cm。1个诱捕器内安装1枚诱芯，诱芯每4～6周更换1次。诱捕器可重复使用，应及时清理诱捕器内的死虫。

4.**药剂防治** 药剂防治指标为水稻分蘖期百丛有幼虫150头或百丛束尖和新虫苞150个，穗期为百丛有幼虫60头或百丛束尖和新虫苞60个。药剂可选用苏云金杆菌、甘蓝夜蛾核型多角体病毒、短稳杆菌、氯虫苯甲酰胺、多杀霉素、氰氟虫腙、金龟子绿僵菌CQMa421等药剂，按农药登记推荐剂量对水均匀喷雾。

五、调查方法

1.**田间赶蛾** 从灯下或田间始见蛾开始至水稻齐穗期进行调查。选取不同生育期和好、中、差3种长势的主栽品种类型田各1块，每块田调查面积为50～100m²，手持长2m的竹竿，沿田埂逆风缓慢拨动稻丛中上部（水稻分蘖中期前同时调查周边杂草），用计数器计数飞起的蛾数，隔日上午9时之前调查一次。

2.**卵量和幼虫发生程度普查** 田间蛾量突增后2～3d开始卵量调查，各代二至三龄幼虫盛期调查幼虫发生程度。卵量普查选取不同生育期和好、中、差3种长势的主栽品种类型田各1块，采用双行平行跳跃式取样，每块田查5丛，每丛取1株，每2d调查1次有效卵、寄生卵、干瘪卵数。幼虫发生程度普查选取不同水稻品种、生育期和长势类型田各不少于20块，面积不少于15亩，每5d调查1次。大田巡视目测稻株顶部3片叶的卷叶数，确定幼虫发生级别。

3.**残虫量和稻叶受害率（程度）普查** 于各代稻纵卷叶螟为害基本定局后进行。残虫量调查选主要类型田各3块，双行平行跳跃式取样，每块田查50～100丛，调查残留虫量；取其中20丛查卷叶数，计算卷叶率；每类型田取50头幼虫，记录龄期。稻叶受害程度调查的取样方法同幼虫发生普查，调查稻株顶部3片叶的卷叶数，确定稻叶受害程度，记录各级别田块数及所占比例。

六、防治效果评价方法

设置防治区和非防治区（对照田），施药前调查基数，施药后当代为害稳定后调查防治效果。每区随机5点取样，每点查10丛水稻，记载调查总丛数、株数、叶片数、卷叶数（穗期调查稻株上部3片叶的叶片总数、卷叶数）或活虫数，计算卷叶率或幼虫死亡率，评价保叶效果或杀虫效果。

$$卷叶率 = \frac{卷叶数}{调查总叶片数} \times 100\%$$

$$保叶效果 = \frac{对照区卷叶率 - 处理区卷叶率}{对照区卷叶率} \times 100\%$$

$$幼虫死亡率 = (1 - \frac{剥查活虫数}{剥查总虫数}) \times 100\%$$

$$杀虫效果 = \frac{防治区幼虫死亡率 - 空白对照区幼虫死亡率}{防治区幼虫死亡率} \times 100\%$$

二 化 螟

一、分布与为害

二化螟（*Chilo suppressalis* Walker）属鳞翅目螟蛾总科草螟科，俗称钻心虫、蛀心虫、蛀秆虫。二化螟广泛分布于亚欧大陆多个国家和地区。我国所有稻作区均有发生，发生为害较重区域为长江中下游流域及其以南稻区，东北和云贵稻区局部中等发生。二化螟食性杂，取食对象包括水稻、茭白、玉米、高粱、甘蔗、大麦、小麦、油菜、蚕豆、紫云英和芦苇等，但主要为害水稻和茭白。

二化螟为害于水稻分蘖期造成枯鞘和枯心苗，水稻孕穗和抽穗期造成枯孕穗和白穗，水稻灌浆和乳熟期造成虫伤株，导致秕谷粒增多，遇大风易折茎倒伏。

二化螟为害造成枯心

二化螟为害叶鞘

二化螟为害造成的羽化孔　　　二化螟蛀茎产生的粪便

二、形态特征

1. **成虫**　雌蛾体长14 ~ 17mm，翅展23 ~ 26mm，前翅灰黄色，沿外缘有7个小黑点，后翅灰白色，腹部纺锤形，灰白色。雄蛾体长13 ~ 15mm，翅展21 ~ 23mm，前翅中央有一不规则黑斑，下有3个小黑点，外缘有7个小黑点，腹部瘦圆筒形。

2. **卵**　卵粒扁圆形，长约1.2mm，宽约0.7mm，数十至上百粒紧密排列，形成鱼鳞状卵块。卵块不规则长条形，初产时乳白色，然后渐变为黄白至灰褐色。

成虫（左：雄；右：雌）　　　卵块（左：早期；右：晚期）

3.**幼虫** 幼虫多数为6龄，少部分5龄、7龄甚至更高龄期，末龄幼虫体长20～30mm。初孵幼虫淡褐色，二龄开始背部有5条淡棕色条纹。末龄幼虫头部除上额棕色外，其余淡棕褐色，体色淡褐。

4.**蛹** 蛹长10～13mm，初蛹米黄色，然后变淡黄褐色、褐色，腹部背面有5条纵纹，即将羽化时蛹变成金黄褐色。

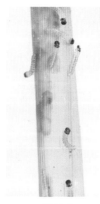

一龄幼虫　　　　高龄幼虫　　　蛹（左：雄；右：雌）

三、发生规律

二化螟不耐高温，适温范围在16～30℃之间，幼虫在22～25℃下发育最适宜，35℃以上易死亡，低温多湿年份田间发生量大。二化螟常集中为害，一根稻茎常有数个蛀孔。越冬代成虫盛发期常与当地水稻栽插盛期一致。水稻耕作制度与二化螟发生有密切关系，双季早稻若生长期长、收获迟，茎秆中的幼虫在收获前全部化蛹、羽化，则二化螟发生量多；若生长期短、收获早，二化螟大部分尚未羽化，遗留在稻桩中的个体因翻耕灌水而死。

二化螟成虫昼伏夜出，前半夜活动多，趋光，交配后1～2d产卵，晚上产卵最多。卵多产于叶鞘和叶片近叶基背面，产卵位置随稻苗的生长发育而逐渐下降。分蘖盛期，上、下部着卵量各约一半，少数产于叶鞘上；分蘖末期，多数产于植株下部，少数产于中上部。二化螟雌蛾常选择生长茂盛、植株高大、茎秆粗壮的稻株产卵，杂交籼稻比其他水稻上的卵块多。杂交籼稻因茎秆粗壮、组织疏松、叶鞘肥厚，营养条件好，幼虫侵入率高，群集为害和转株为害次数减少，受天敌侵袭机会少，存活率较在粳稻或常规籼稻田中显著提高。水稻生育期与初孵幼虫侵入成活率有密切关系，分蘖期和孕穗期成活率约60%，圆秆拔节期20%～40%，抽穗期、灌浆乳熟期约5%。水稻各个生育期中，孕穗期承受的卵量最多，分蘖期次之，圆秆拔节和抽穗期又次之，齐穗期很少。施肥合理，稻苗生长正常，产卵较少，为害轻；施肥不合理，追肥过量，稻苗生长过旺，叶色浓绿，可诱集产卵，为害加重。浅水勤灌，稻苗生长健壮，转株为害现象少，枯心率低；干旱脱水，田土开裂，稻苗卷缩，转株频繁，枯心率显著增加。

二化螟在我国不同稻作区年发生1～6代不等。年平均气温8℃以下地区，年发生1代，或不完全2代；8～16℃地区，年发生2代；16～20℃地区，年发生3代，其中芦荡周围，野茭白较多地区，营养较好，发生较早，每年可发生4代；20～24℃地区，年发生4～5代；24℃以上的地区，年发生5～6代。二化螟以幼虫在稻桩、稻草中越冬，也有部分在其他寄主茎秆内或杂草丛、树皮裂缝和土中越冬。二化螟抗逆性强，三龄幼虫即可安全越冬。越冬末龄老熟幼虫在气温上升到11℃时开始化蛹；15～16℃时开始羽化。越冬老熟幼虫在翌年春天土壤温度上升到7℃时，钻进大麦、小麦、蚕豆、油菜等冬季作物茎秆中，10～15℃时为转移盛期。转移到冬季作物茎秆中的幼虫取食茎秆，继续发育至老熟化蛹。化蛹前在寄主组织内壁咬羽化孔，仅留表皮薄膜，羽化时破膜而出。热带地区二化螟可终年繁殖，旱季湿度不足时，幼虫发育历期延长。

四、防治技术

1. **稻田冬后灌水灭虫**　根据当地实际情况，在田间化蛹高峰期，翻耕稻田并灌水淹没整个田面，保持约7d时间。

2. **覆盖育秧**　整个育秧过程用无纺布覆盖秧田，阻止雌蛾在秧苗上产卵。

3. **性信息素诱捕** 二化螟成虫开始羽化早期设置诱捕器诱捕雄蛾，平均每亩1个，诱捕器底端距地面（水面）50cm，并随植株生长调整高度。

4. **种植香根草** 田埂上种植香根草诱集雌蛾产卵，丛距平均约6m。

5. **释放寄生蜂** 人工释放稻螟赤眼蜂、螟黄赤眼蜂寄生二化螟卵块，一般每代放蜂3次，分别在发蛾始盛期、高峰期及高峰后2d各释放1次，每亩每次放蜂约10 000头，每亩均匀设置5～8个放蜂点。

6. **药剂防治** 生产上常用的防治药剂包括20%氯虫苯甲酰胺悬浮剂、34%乙多·甲氧虫悬浮剂、40%氯虫·噻虫嗪水分散粒剂、6%阿维菌素·氯虫苯甲酰胺悬浮剂、10%甲维·甲虫肼悬浮剂、25%茚虫威·甲氧虫酰肼悬浮剂、20%甲维·茚虫威悬浮剂等。各地可根据当地二化螟对不同药剂的抗性情况，合理选择药剂品种和有效剂量，于二化螟卵孵化高峰时对水喷雾。

五、调查方法

田间调查时，按随机区组划定不同小区，每个小区随机调查5点，每点取25丛水稻，剥查活虫数。

六、防治效果评价方法

设定空白对照区（不采取防控措施）、处理区，每区随机划分4个小区，每个小区20～40m²。施药前，按上述调查方法调查活虫数，明确田间活虫基数。分别于施药后3d、7d和15d，按上述方法调查活虫数，计算田间防治效果。对于不同作用机理的药剂品种，施药后的调查次数和间隔天数需适当调整。

$$虫口减退率 = \frac{处理前虫口基数 - 处理后活虫数}{处理前虫口基数} \times 100\%$$

$$校正防效 = \frac{药剂处理区虫口减退率 - 空白对照区虫口减退率}{1 - 空白对照区虫口减退率} \times 100\%$$

小 麦 蚜 虫

一、分布与为害

　　小麦蚜虫属于半翅目蚜科，俗称腻虫、蜜虫，是我国乃至世界小麦生产中的主要害虫。我国为害小麦的种类主要有荻草谷网蚜 [*Sitobion miscanthi* (Takahashi)]、禾谷缢管蚜 [*Rhopalosiphum padi* (Linnaeus)]、麦二叉蚜 [*Schizaphis graminum* (Rondani)] 和麦无网长管蚜 [*Metopolophium dirhodum* (Walker)]。荻草谷网蚜在全国麦区均有发生，是大多数麦区的优势种之一；麦二叉蚜主要分布在我国北方冬麦区，尤其是华北、黄淮平原、西北等地发生严重；禾谷缢管蚜分布于华北、东北、华南、华东、西南各麦区，在多雨潮湿麦区常为优势种之一；麦无网长管蚜主要分布在北京、河北、河南、宁夏、云南和西藏等地。

　　麦蚜主要以成虫、若虫吸食小麦叶、茎、嫩穗的汁液，被害处呈浅黄色斑点，严重时叶片发黄。小麦从出苗到成熟，均有麦蚜为害，但不同生育期为害造成的损失有很大差异，而且不同蚜种为害程度亦不同。小麦苗期麦蚜多集中在麦叶背面、叶鞘及心叶处；小麦拔节、抽穗后，多集中在茎、叶和穗部为害，并排泄蜜露，麦二叉蚜取食时还将毒素注入植物体内，影响植株的呼吸和光合作用；小麦灌浆、乳熟期是麦蚜发生为害的高峰期，造成籽粒干瘪，千粒重下降，引起严重减产；乳熟期后，麦蚜的数量急剧下降，不再造成危害。小麦减产率随蚜量而变化，蚜量愈大，减产愈重，一般年份蚜虫为害可使小麦减产5.1%～16.5%，大发生年份小麦减产40%以上。同时，麦蚜为害可严重影响小麦品质，与正常小麦相比，面粉粗蛋白减少5.2%～15.9%，赖氨酸和苏氨酸含量分别降低7.0%～17.2%和15.6%～28.9%，维生素B_1含量下降48.1%。麦蚜又是传播植物病毒的重要媒介，以传播大麦黄矮病毒（BYDV）引起小麦黄矮病为害最大。

小麦蚜虫田间为害状

荻草谷网蚜及田间为害状

禾谷缢管蚜及田间为害状

麦二叉蚜及田间为害状

麦无网长管蚜及田间为害状

二、形态特征

小麦蚜虫有多型现象，一般全周期蚜虫有5～6型，即干母、干雌、有翅与无翅胎生雌蚜、雌性蚜和雄性蚜。干母是蚜虫卵越冬后孵化出来的蚜虫，后期行孤雌胎生生殖；干雌为生活在第一宿主上的干母的雌性后代，无翅，后期也行孤雌胎生生殖；有翅与无翅胎生雌蚜为蚜虫的主要生殖方式孤雌生殖直接产出的胎生蚜；雌性蚜为进行两性生殖的雌蚜，一般为无翅蚜；雄性蚜为受光照周期和温度的变化，或者是食物数量的减少，导致雌性蚜开始产出雄性幼蚜，雄性蚜与它们的母亲在遗传上只是少了一个性染色体，在偏冷地区以雄、雌性蚜交配后产卵越冬。

卵为长卵形，长为宽的一倍，长约1mm，刚产出的卵淡黄色，以后渐加深，5d左右即呈黑色。

干母、无翅孤雌胎生雌蚜和雌性蚜外部形态基本相同，只是雌性蚜在腹部末端可以看到产卵管。雄性蚜和有翅胎生雌蚜亦相似，除具性器官外，一般个体稍小。无翅胎生蚜的成蚜和若蚜主要区别在于成蚜具有明显的中胸腹岔，若蚜无中胸腹岔，另外，若蚜尾片发育不完全。

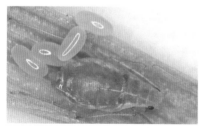

麦无网长管蚜无翅胎生雌蚜和卵

麦无网长管蚜卵

4种麦蚜的形态特征比较

形态特征	荻草谷网蚜	麦二叉蚜	禾谷缢管蚜	麦无网长管蚜
无翅胎生雌蚜体形、体长（有翅型略小）	椭圆形 1.6～2.1mm	椭圆形或卵圆形 1.5～1.8mm	卵圆形 1.4～1.6mm	长椭圆形 2.0～2.4mm

（续）

形态特征	荻草谷网蚜	麦二叉蚜	禾谷缢管蚜	麦无网长管蚜
腹部体色	淡绿色至绿色，或红色	淡绿色或黄绿色，背面有绿色纵条带	深绿色，后端有赤红色至深紫色横带	白绿色或淡赤色，背部有绿色或褐色纵带
腹管	长圆筒形，长0.48mm，全部黑褐色，端部有网状纹	短圆筒形，长0.25mm，淡绿色，端部为暗黑色	短圆筒形，长0.24mm，中部稍粗壮，近端部呈瓶口状缢缩	长圆筒形，长为0.42mm，绿色，端部无网状纹
翅脉	中脉分支2次，分叉大	中脉分支1次	中脉分支2次，分叉小	中脉分支2次，分叉大
复眼	鲜红色至暗红色	漆黑色	黑色	黑紫色
触角长度	6节，为体长的88%以上	6节，为体长的66%左右	6节，为体长的70%左右	6节，为体长的76%左右
有翅型触角第三节	长0.52mm，有感觉圈10个左右	长0.44mm，有感觉圈20个左右	长0.48mm，有感觉圈20~23个	长0.72mm，有感觉圈40个以上
尾片	长0.22mm，毛6根	长0.16mm，毛7~8根	长0.1mm，毛4根	长0.21mm，毛8根

三、发生规律

小麦蚜虫有翅和无翅胎生雌蚜发生数量最大，出现历期最长，是主要为害蚜型。在适宜的环境条件下，都以无翅孤雌胎生若蚜生活。在营养不足、环境恶化或虫群密度大时，则产生有翅型迁飞扩散，但仍行孤雌胎生生殖，只是在寒冷地区秋季才产生雌性蚜、雄性蚜，交尾产卵。翌年春季卵孵化为干母，继续产生无翅型或有翅型蚜虫。

小麦蚜虫能够发生成灾的地区大致可分为4个区域：①麦二叉蚜常灾区，该区气候干燥，年降水量在250mm以下，年均温在10℃左右，主要包括新疆南疆和甘肃河西地带，以麦二叉蚜为优势种，禾谷缢管蚜一般不发生，荻草谷网蚜比例低。②麦二叉蚜多灾区，是接近春麦区的冬麦区，该区气候干旱，年降水量在500mm以下，年均温在12℃左右，包括甘肃陇南、陇东、陕北、晋西、冀北等地。一般年份荻草谷网蚜和麦二叉蚜混合发生，大发生年份则麦二叉蚜为优势种，禾谷缢管蚜和麦无网长管蚜数量低。③麦二叉蚜和荻草谷网蚜易灾区，该区年降水量为500～750mm，但冬春少雨易旱，包括关中平原区、晋东南山区、鲁南山区。温暖干旱年份以麦二叉蚜为优势种，一般年份以荻草谷网蚜为优势种，穗期为害严重，禾谷缢管蚜少量发生，麦无网长管蚜不发生。④荻草谷网蚜易灾区，该区年降水量在750～1 000mm之间，荻草谷网蚜为优势种，主要是穗期为害成灾，禾谷缢管蚜在局部地区发生严重，麦二叉蚜发生数量少。该区包括皖北、豫西南、鄂北、陕南、四川、贵州等地区，但各地区在小麦穗期均以荻草谷网蚜为优势种。

4种蚜虫发生规律比较

生活习性	荻草谷网蚜	麦二叉蚜	禾谷缢管蚜	麦无网长管蚜
发生代数	4种常见麦蚜在温暖地区可全年行孤雌生殖，不发生性蚜世代，表现为不全周期型；在北方寒冷地区，有孤雌世代和两性世代交替，则表现为全周期型。年发生代数因地而异，一般可发生18～30代			
越冬方式	以成蚜、若蚜或卵在冬麦田的麦苗和禾本科杂草基部或土缝中越冬；南方地区则以胎生雌蚜的成、若蚜越冬		在李、桃等木本植物上产生雌、雄两性蚜，交尾产卵，以卵在北方越冬	在蔷薇属植物上产生性蚜，交配产卵越冬
生活史	荻草谷网蚜和麦二叉蚜终年在禾本科植物上繁殖生活。在我国中部和南部麦区均属不全周期型，全年营孤雌生殖。以成、若蚜或以卵在冬麦田的麦苗和禾本科杂草基部或土缝中越冬。荻草谷网蚜最适温度为12～20℃，在山东省不能越冬。一般越冬成、若蚜并非真正进入越冬状态，遇温暖的晴天仍能在麦苗或杂草上活动。来年春天回暖后，卵孵化成干母，干母产生有翅和无翅孤雌蚜后代；越冬成、若蚜则直接恢复为害和繁殖。在杂草上的越冬蚜，繁殖1～2代后产生有翅蚜迁至麦田；随着气温的上升和小麦的生长发育，不断进行孤雌生殖，扩大种群。当小麦进入拔节至孕穗期，麦二叉蚜繁殖达到高峰期。荻草谷网蚜在小麦灌浆乳熟期达到繁殖高峰期。小麦蜡熟期，大量产生有翅蚜，陆续飞离麦田，迁至其他禾本科植物上继续为害和繁殖，并在其上或自生麦苗上越夏。秋播麦苗出土后，大部分麦蚜又开始迁回冬麦苗上为害		禾谷缢管蚜和麦无网长管蚜为异寄主全周期型，春、夏季均在禾本科植物上生活和以孤雌胎生方式进行繁殖，小麦灌浆期是全年繁殖高峰期。秋末，禾谷缢管蚜在李、桃、稠李等木本植物上产生雌、雄两性蚜，交尾产卵，以卵在北方越冬；麦无网长管蚜在蔷薇属植物上产生性蚜，交配产卵越冬。春季两种蚜虫的越冬卵孵化为干母，干母产生侨迁蚜，由原寄主转移到麦类作物或禾本科等杂草上生存和繁殖。在南方地区，两种麦蚜均可营不全周期生活，以胎生雌蚜的成、若蚜越冬	

（续）

生活习性	荻草谷网蚜	麦二叉蚜	禾谷缢管蚜	麦无网长管蚜
为害特点	荻草谷网蚜喜光照，较耐氮肥和潮湿，多分布在植株上部，叶片正面，特嗜穗部。小麦抽穗后，蚜量急剧上升，并大多集中于穗部为害。成、若蚜均易受振动而坠落逃散	麦二叉蚜喜干旱，怕光照，不喜氮肥；多分布在植株下部和叶片背面，最喜分生叶叶片，嫩组织或长衰弱、色发黄的叶片；成、若蚜受振动时具假死现象而坠落；小麦灌浆后多迁离麦田	禾谷缢管蚜喜温畏光，嗜食茎秆、叶鞘，故多分布于植株下部的叶鞘、叶背甚至茎基部，密度大时亦上穗为害；喜氮肥和植株密集的高肥田，是最耐高温高湿的种类；其成、若蚜较不易受惊动	麦无网长管蚜的嗜食性介于荻草谷网蚜和麦二叉蚜之间，以为害叶片为主，常分布于植株中下部，最不耐高温，一般密植丰产田蚜量较多。成、若蚜易受振动而坠落

四、防治技术

防治麦蚜要以农业防治为基础，关键时期采用化学防治。小麦播种愈早，蚜量愈大，因此在小麦黄矮病流行区的秋苗期，对于秋分前后播种的麦田，应采取药剂拌种或早期喷药治蚜防病；对于非小麦黄矮病流行区以及寒露以后播种的麦田一般不治。小麦抽穗后，以防治荻草谷网蚜为主，防治适期应为蚜虫发生初盛期。

在小麦黄矮病流行区，提高栽培水平，改旱地为水浇地，深翻，增施氮肥，合理密植，可较好地控制麦二叉蚜和小麦黄矮病。

1. **农业防治** 加强栽培管理，调整作物布局，清除田间杂草与自生麦苗，可减少麦蚜的适生地和越夏寄主。冬麦适当晚播，春麦适时早播，有利减轻蚜害。在西北地区麦二叉蚜和黄矮病发生流行区，应缩减冬麦面积，扩种春播面积。在南方禾谷缢管蚜发生严重地区，应减少秋播玉米播种面积，切断其中间寄主，减轻为害。在华北地区提倡油菜、绿肥（苕子、苜蓿）间作，对保护利用麦蚜天敌资源，控制蚜害有较好的效果。

2.种植抗（耐）麦蚜品种　利用抗虫品种控制麦蚜是一种安全、经济、有效的措施。目前，已筛选出一些具有中等或较强抗性的品种材料，如中4无芒、小白冬麦、JP1、KOK、Li、临远207、陕167、小偃22以及克麦系列、绵麦系列、兰天系列品种（系）对麦蚜尤其对荻草谷网蚜抗性较好。

3.生物防治　充分保护利用自然天敌，注意改进施药技术，选用对天敌安全的药剂，减少施药次数和数量，保护天敌免受伤害。当天敌与麦蚜比大于1∶150（蚜虫小于150头/百株）时，天敌控制麦蚜效果较好，不必进行化学防治。还可通过人工合成蚜虫报警激素和植物激素如茉莉酸甲酯和水杨酸甲酯等制成缓释器，在小麦田间释放，干扰麦蚜的寄主定位、抑制其取食，增强对天敌的吸引作用，可有效降低蚜虫为害。

小麦蚜虫的主要天敌

1.小麦蚜茧蜂　2.小麦蚜虫被蚜茧蜂寄生后形成僵蚜　3.食蚜蝇幼虫　4.食蚜蝇成虫
5.瓢虫幼虫　6.瓢虫蛹　7.瓢虫成虫　8.草蛉幼虫　9.草蛉成虫　10.寄生螨寄生蚜虫

　　4.化学防治　当麦蚜发生数量大时，化学防治是控制蚜害的有效措施。首先要查清虫情，在冬麦拔节、春麦出苗和小麦扬花灌浆期，百株蚜量达到500头以上，益害比小于1∶150时，应及时进行药剂防治。常用药剂有啶虫脒、吡虫啉、高效氯氟氰菊酯、氟啶虫胺腈等，可防治小麦苗期蚜虫，或在穗期蚜虫始盛期对水喷雾。也可选用植物源杀虫剂，如苦参碱、增效烟碱、皂素烟碱以及抗生素类等喷雾防治麦蚜。

小麦蚜虫绿色防控技术的集成
1.抗性品种筛选　2.适期浇水　3.黄板诱杀　4.间作套种　5.科学用药　6.无人机防控

五、调查方法

参照国家农业行业标准《小麦蚜虫测报调查规范》及农作物主要病虫测报办法,结合实践经验,麦蚜的一般调查方法如下:

1.系统调查 根据品种、播期、地势、作物长势等条件,选择当地肥水条件好、生长均匀一致的早熟品种麦田2～3块作为系统观测田,每块田面积不少于2亩。固定田块,每块地采用单对角线5点取样,每点固定50株(单茎),当百株蚜量超过500头,株间蚜量差异不大时,每点可减至20株,蚜量特别大时,每点可减至10株。冬麦秋苗期,自出苗后每10d调查一次,至麦蚜进入越冬时止。在冬麦开始拔节及春麦出苗后,每5d调查一次,当蚜量急剧上升时,每3d调查一次,以适时指导大面积防治。南方麦区因麦蚜无明显越冬期,冬季调查时,可根据当地麦蚜消长情况,酌情规定。调查有蚜株数、有翅蚜及无翅蚜量,折算平均百株蚜量等。

2.大田调查 在小麦秋苗期、拔节期、孕穗期、抽穗扬花期、灌浆期进行5次普查,同一地区每年调查时间应大致相同。根据当地栽培情况,选择有代表性的麦田10块以上。每块田单对角线5点取样,秋苗期和拔节期每点调查50株,孕穗期、抽穗扬花期和灌浆期每点调查20株,调查有蚜株数、蚜虫种类及有翅、无翅蚜量。

3.天敌调查 在每次系统调查小麦蚜虫的同时,进行其天敌种类和数量调查。取样方法同麦蚜调查,寄生性天敌以僵蚜表示,僵蚜取样点和取样方法与蚜虫相同,每次查完后抹掉;瓢虫类、食蚜蝇幼虫和蜘蛛类随机取5点,每点查0.5m^2,用目测、拍打方法调查。将调查天敌的数量分别折算成百株天敌数。

六、防治效果评价方法

1.防治效果调查方法 选择应用综合防控技术的田块5块,

未应用综合防控技术的田块1～2块，于小麦返青拔节期、穗期分别调查麦蚜百株虫量（调查方法如上所述），比较应用与未应用综合防控技术田百株蚜量，如进行了化学防控分别于施药后1、3、7、14d调查百株虫量，统计虫口减退率，计算防治效果。

2. 效益计算方法　选择应用综合防控技术的田块5块，未使用综合防控技术的田块1～2块，于小麦成熟期，每块田5点取样（共取100株），计算千粒重，折算亩产，计算挽回损失。

3. 生态经济有效评价　通过加强栽培管理，调整作物布局有效压低麦蚜种群，减轻为害；通过充分保护利用自然天敌，选用对天敌安全的药剂，改进施药技术，增强天敌的控害能力；通过施用低毒高效或植物源农药及选用高效植保机械开展科学用药，减少农药的投入量，加速农作物种植向专业化、规模化、集约化方向发展，促进农业增效和农民增收，环境得以改善。

马铃薯甲虫

一、分布与为害

马铃薯甲虫[*Leptinotarsa decemlineata* (Say)]属鞘翅目叶甲科，又称马铃薯叶甲或科罗拉多甲虫（Colorado potato beetle），是世界重要的检疫害虫。马铃薯甲虫寄主范围较窄，主要为害20余种茄科植物，多为茄属（*Solanum*）。其中最嗜好的寄主是马铃薯，其次是茄子，也取食烟草、颠茄、番茄、天仙子等。

马铃薯甲虫最早于1811年发现于北美落基山山脉东坡，目前在我国吉林、黑龙江、新疆等3个省份有分布。

马铃薯甲虫成、幼虫均取食马铃薯叶片或顶尖，通常将叶片取食成缺刻状，严重时，茎秆被取食成光秃状。高龄幼虫还可以取食幼嫩的马铃薯薯块。马铃薯甲虫发生为害一般可造成马铃薯减产30%～50%，严重时，可在薯块开始生长之前将叶片吃光，导致减产90%以上甚至绝收。马铃薯甲虫可通过人为活动传带和自身主动迁移两种途径传播，人为活动传带主要指随来自疫区的薯块、水果、蔬菜、原木及包装材料和运输工具等传播；自身主动迁移是成虫通过风、气流等途径传播，如越冬成虫出土后，若遇到10m/s大风，16d可扩散到100km以外地区。

马铃薯甲虫为害状

马铃薯甲虫为害状

二、形态特征

1. 成虫 体长（11.25±0.93）mm，宽（6.33±0.45）mm。短卵圆形，淡黄色至红褐色，有光泽。每一鞘翅上具黑色纵条纹5条，第1条与第3条在尾部交会。头下口式，横宽，背方稍隆起，向前胸缩入达眼处。触角11节，第1节粗而长，第2节短，第5、6节约等长，第6节显著宽于第5节，末节呈圆锥形。口器咀嚼式。足短，转节呈三角形，股节稍粗而侧扁，跗节5节，假4节，第4节极短，爪基部无附齿。雌、雄两性成虫外形差异不大，雌虫个体一般稍大，雄虫最末腹板比较隆起，具一纵凹线，雌虫无凹线。

2. 卵 椭圆形，顶部钝尖。卵长（1.83±0.08）mm，宽（0.83±0.06）mm。橙黄色，少数为橘红色。

3. 幼虫 一龄幼虫体长（2.76±0.22）mm，头宽（0.59±0.09）mm；二龄幼虫体长（5.08±0.27）mm，头宽（0.90±0.08）mm；三龄幼虫体长（8.31±0.35）mm，头宽（1.39±0.12）mm；四龄幼虫体长（13.94±0.83）mm，头宽（2.29±0.15）mm。体色一、二龄幼虫暗褐色，三龄以后逐渐变为粉红色或橙黄色。头部黑色，头为下口式，两侧各有6个疣状小眼，分成2组，上方4个，下方2个和1个3节的触角，上唇半圆形，中间有缺刻。前胸明显大于中胸和后胸，后缘有褐色宽带。中胸和后胸各有3个斑点，每侧各有1个，中间有2个。一龄幼虫前胸背板骨片全变为黑色。随着虫龄的增加前胸背板颜色变淡，仅后部为黑色。除最末两个体节外，虫体两侧有两行大的暗色骨片，即气门骨片和上侧骨片。腹节上的气门骨片呈瘤状突出，包围气门，中、后胸由于缺少气门，气门骨片完整。腹部较胸部显著膨大，中央部分特别膨大，向上隆起，以后各节急剧缩小，末端细尖。腹部共9节，第1～7节背面两侧各有2个斑点，上面的1个较大，位于气门的周围。腹部腹面有3行小斑点，斑点由密集的短刚毛组成。前胸背板及腹部第8、9节背部有黑斑。足黑褐色。

4. **蛹** 为离蛹，体长（9.49±0.37）mm，宽（6.24±0.25）mm。黄色或橘黄色。体侧各有一排黑色小斑点。

马铃薯甲虫成虫

马铃薯甲虫卵

马铃薯甲虫幼虫

马铃薯甲虫蛹

三、发生规律

马铃薯甲虫以成虫越冬，其越冬场所为寄主田的土壤，尤以马铃薯、茄子田为主要越冬场所，与其寄主田邻近的作物田或荒地、林地亦有少数成虫越冬。

马铃薯甲虫一年可发生 1 ～ 3 代，世界各地各有不同，具体发生的世代数与温度有关。在美洲和欧洲马铃薯甲虫一年发生 1~3 代。在我国马铃薯甲虫一年可发生 1 ～ 2 代，以 2 代为主，个别区域可发生不完全 3 代。15℃以上天数达 120d 时可发生 2 代，15℃以上天数达 140d 时可发生 3 代。成虫在土下 10 ～ 60cm 处越冬，深度与土壤质地有关，多在 1 ～ 30cm 深处。成虫期需要取食，飞翔能力较强，且需要飞翔一段时间才能达到性成熟。产卵前期较长，达到 30d。卵产在叶背，呈聚集状，每块卵 15 ～ 80 粒。成虫可以多种形式滞育或休眠，严寒、高温、光周期异常等为诱因。成虫的耐饥能力强，供水缺食时可存活 11 个月。抗寒能力不强，越冬死亡率高，有时可达 80%。幼虫共 4 龄，发育历期一般 20 ～ 24d，最短只需 15d。发育起点温度为 8 ～ 12℃，最适温度 25 ～ 33℃。初孵幼虫聚集在叶背取食。二龄开始爬到顶芽上为害。四龄后可为害叶柄和茎秆。老熟幼虫在土表下 2 ～ 20cm 处造土室化蛹，蛹期 7 ～ 10d，羽化后出土继续为害，多雨年份发生偏轻。

马铃薯甲虫在我国新疆伊犁河谷 1 年主要发生 2 代，部分可完成 3 代，世代重叠严重。一般 4 月下旬越冬代成虫开始出土，5 月上旬为出土高峰期，出土期可持续至 5 月下旬。越冬后成虫产卵始期为 5 月上旬，盛期出现在 5 月中旬。第一代幼虫发生始期为 5 月中旬，盛期出现在 5 月下旬至 6 月下旬。第一代幼虫化蛹始期为 6 月上旬，盛期出现在 6 月中旬至 7 月上旬。第一代成虫羽化始期为 6 月中旬，盛期为 6 月下旬至 7 月中旬。第一代成虫产卵始期为 6 月下旬，盛期出现在 7 月上旬至 7 月下旬。第二代幼虫发生始期为 7 月上旬，盛期出现在 7 月中旬至 8 月中旬。第二代幼虫化蛹始期为 7 月下旬，盛期为 7 月下旬至 8 月上旬。第二代成虫羽化始期为 8 月上旬,盛期出现在8月上旬至8月中旬,成虫入土越冬始期为8月中旬,盛期出现在8月下旬至9月上旬,越冬休眠期长达6～8个月。第三代幼虫由于食源短缺,发育缓慢,大部分死亡,少部分虽能发育到蛹期,但不能正常羽化,使第三代成为不完整世代。

四、防治技术

1.**检疫监管** 加强检疫是阻止马铃薯甲虫传入和扩散蔓延的关键。加强来自疫情发生国家相关货物,以及国内发生区调运的寄主作物及产品的检疫监管,及时发现并铲除随贸易传带的零星疫情,防止疫情随人为活动传播扩散。

2.**农业防治** 在发生区,合理施肥和健康管理可有效提高马铃薯的耐害性。试验结果显示,对中等肥力田块,每亩施用氮肥25kg、磷肥15kg,即可显著提高马铃薯的耐害性。适当增施钾肥,也可明显减轻为害。

3.**生物防治** 保护利用马铃薯甲虫田间自然天敌,如对马铃薯甲虫捕食能力相对较强的中华长腿胡蜂、普通草蛉等。

4.**化学防治** 化学防治关键时期为各世代一至二龄幼虫发生期,即在幼虫进入暴食期前,一般每世代防治1～2次,用药间隔期10～15d。在新疆第一代幼虫防治适期一般为6月中旬至6月下旬;第二代幼虫防治适期一般为7月下旬至8月上旬。具体防治需根据当年田间虫情监测结果确定。目前有机磷类、新烟碱类、拟除虫菊酯类的多种农药品种和不同剂型均可防治马铃薯甲虫,但由于马铃薯甲虫极易产生抗药性,在施药时需选择不同药剂交替使用。

五、调查方法

马铃薯甲虫的监测分为发生区监测和未发生区监测。未发生区,重点监测风险区域,如曾发生过疫情的区域、来自疫情发生区的寄主植物、产品以及其他限定物的集散地、交通沿线、马铃薯甲虫寄主植物集中种植区等。发生区,重点监测发生疫情的有代表性地块和发生边缘区。监测植物重点为马铃薯、茄子、番茄以及野生寄主天仙子、刺萼龙葵等。

1. 未发生区 一是访问调查，向马铃薯及其他寄主植物种植户、农技人员和农资经销商等相关人员询问与马铃薯甲虫有关信息，掌握马铃薯及其他寄主植物种植地点、面积，编制种植布局图，了解是否有鞘翅具纵带、淡黄色至红褐色的甲虫发生。对访问过程中发现的可疑地点，进行重点踏查。二是踏查，对访问调查中发现的可疑地区和其他有代表性的田块进行踏查。在马铃薯等寄主植物生长期踏查2～3次，每次调查面积占种植面积的50%以上。逐株查看叶背面有无卵块、幼虫及成虫。采集可疑样本送室内鉴定。如确认有疫情发生，则进一步按照发生区的要求进行监测。

2. 发生区 一是访问调查和踏查，在发生区边缘地带进行访问调查和踏查。二是定点监测，分别选择马铃薯甲虫发生严重、较重、较轻的大面积连片马铃薯种植区各2块，进行定点调查。每年调查2次。第一次在越冬代成虫出土后，第二次在越冬代成虫入土前。在监测点所在的连片种植区内采取对角线式或棋盘式取样方法取样。连片种植区面积在$4hm^2$以下时取10个调查样点，每个点调查10株；$4hm^2$以上时取20个调查样点，每个点调查5株。记录每株植物上马铃薯甲虫卵块数量、幼虫和成虫的数量。对于新发疫情点可增加筛土检查，具体方法为：每个调查点采挖$0.5m^2$，取20cm以内的所有表土，用筛子除去泥土，统计蛹和成虫数量。

现场调查无法准确鉴定的，取样带回实验室，在立体显微镜下进行进一步鉴定。监测单位不能鉴定种类时，送省级以上植物检疫机构指定的科研教学单位鉴定。监测中发现有马铃薯甲虫发生，根据监测情况、实地调查情况判定发生范围及程度。植物检疫机构对监测结果进行整理汇总形成监测报告，并按要求逐级上报。发现新疫情或原有疫情点马铃薯甲虫疫情暴发时，应立即报告。

苹果蠹蛾

一、分布与为害

苹果蠹蛾 [*Cydia pomonella* (L.)] 属鳞翅目卷蛾科小卷蛾属，是一种毁灭性的蛀果类水果检疫害虫。该虫以幼虫蛀果为害果实，主要寄主有苹果、梨、沙果、杏、桃、野山楂、板栗属和无花果属等植物，可严重降低果实品质并造成大量落果。

苹果蠹蛾原发地为欧洲泰加林带南部、中亚地区和亚洲西南部地区。随着苹果的移栽，苹果蠹蛾已向全球扩散。在欧亚大陆该虫已扩散到最初分布地区以外的广阔地区，分布区位于北纬 30°～60°范围内；在北美洲，该虫 17 世纪入侵，目前分布于加拿大南部至墨西哥北部区域；在大洋洲，该虫 1861 年首次出现在澳大利亚塔斯马尼亚州，随后入侵澳大利亚大陆和新西兰；在南美洲，该虫首先入侵阿根廷，后向东北扩散，进入乌拉圭和巴西。苹果蠹蛾于 1953 年在我国新疆库尔勒首次发现。目前苹果蠹蛾在我国天津、河北、内蒙古、辽宁、吉林、黑龙江、甘肃、宁夏、新疆 9 个省份有分布。

苹果蠹蛾主要以幼虫蛀食果实为害，每年在各地发生一至多个世代不等。以苹果为例，每个世代的大部分初孵幼虫均自果实表面蛀入果实内部，初龄幼虫在果实表面以下取食果肉，并向种室方向做不规则的蛀道。幼虫三龄时进入种室，取食果实的种子。果实表面蛀孔随虫龄的增加不断增大，其外部常有大量褐色的虫粪堆积。幼虫发育成熟后向果实表面方向做一较直的蛀道钻出。另外苹果蠹蛾幼虫有转果为害的习性，一头苹果蠹蛾幼虫可以蛀食 2～4 个果实，一般一个果实内仅有一头幼虫，少数情况下会出现2头乃至多头。被苹果蠹蛾蛀食的果实往往容易脱落，因此该虫在为害严重时往往会造成大量落果。

苹果蠹蛾为害状

二、形态特征

1. 成虫　体长8mm，翅展19～20mm。全体灰褐色而带紫色光泽。雄蛾色深，雌蛾色浅。复眼深棕褐色。头部具有发达的灰白色鳞片丛；下唇须向上弯曲，第二节最长，末节着生于第二节末端的下方。前翅无前缘褶；各脉彼此分离。R_1脉出自中室中部或稍前，R_2脉距R_3脉比R_1脉近。后翅M_2脉和M_3脉平行；M_3脉和Cu_1脉共柄。前翅肛上纹大，深褐色，椭圆形，有3条青铜色条纹，其间显出4～5条褐色横纹，这是本种外形上的显著特征。另外，翅基部淡褐色；外缘突出略呈三角，在此区内夹杂有较深的斜行波状纹，翅的中部颜色最浅，也夹杂有波状纹。雄蛾前翅腹面中室后缘有一黑褐色条斑，雌蛾无。后翅深褐色，基部较淡。雄性外生殖器的抱器瓣在中间有明显颈部；抱器腹在中部有凹陷，其外侧有一指状尖突，抱器端圆形，具有许多长毛；阳茎短粗，基部稍弯；阳茎针6～8枚，分两行排列。雌性外生殖器的产卵瓣内侧平直，外侧弧形；交配孔宽扁；后阴片圆大；囊导管短粗，在近口处强烈几丁质化，阔大呈半圆；囊突两枚，牛角状。

2.**卵** 扁平椭圆形，长1.1～1.2mm，宽0.9～1.0mm，中部略隆起，表面无明显花纹。初产时为半透明，随后发育成黄色和红色。

3.**幼虫** 幼虫初龄为黄白色，成熟幼虫体长14～18mm，体呈红色，背面色深，腹面色浅。前胸盾淡黄色，并有褐色斑点，臀板上有淡褐色斑点。头部黄褐色，单侧眼区深褐色，每侧有6个单眼，第一、六单眼较大，呈椭圆形，第三、四单眼较小。前胸气门最大，椭圆形；其次为第八节气门，其余大致相等，近乎圆形。腹部腹足4对，趾钩单序缺环；末端臀足1对，趾钩单行排列。

4.**蛹** 体长7～10mm，黄褐色，复眼黑色，喙不超过前足腿节。雌蛹触角较短，不及中足的末端；而雄蛹触角较长，接近中足的末端。中足基节显露，后足及翅均超过第三腹节而达第四腹节前端，臀棘共10根。

苹果蠹蛾成虫

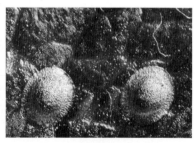

苹果蠹蛾卵

苹果蠹蛾幼虫

苹果蠹蛾蛹

三、发生规律

苹果蠹蛾1年可发生1～4代，世界各地各有不同。在我国新疆库尔勒、喀什1年发生3代，石河子完成2代和不完整3代，阿克苏发生4代；甘肃河西地区发生2代和不完整3代。

苹果蠹蛾以老熟幼虫在树皮下做茧越冬，属于兼性滞育害虫。新疆阿克苏地区越冬代成虫于4月中旬梨花萌动时开始羽化，4月24日左右达到全年羽化最高峰。第一代幼虫4月底开始出现，6月14日左右达到成虫羽化高峰；第二代幼虫于6月下旬出现，8月下旬达到成虫羽化高峰；第三代幼虫于8月底开始出现，9月初达到成虫羽化高峰；第四代幼虫于9月底出现，为一个不完整世代。甘肃张掖地区越冬成虫始于4月下旬，结束于6月中旬。第一代始于5月上旬，止于8月下旬；第二代始于7月上旬，止于9月下旬；第三代始于7月下旬，9月中下旬逐渐进入老熟幼虫阶段，并停止发育开始越冬。第二代部分老熟幼虫不化蛹，越冬虫态为老熟幼虫和蛹。

成虫羽化后1～2d进行交尾产卵。交尾绝大多数在下午黄昏以前，个别在清晨进行。卵多产在叶片的正面和背面，部分也可产在果实和枝条上，尤以上层叶片和果实着卵量最多，中层次之，下层最少。卵产在果实上则以果面为主，也可产在萼洼及果柄上。在方位上，卵多产在阳面，故生长稀疏或树冠四周空旷的果树上产卵较多；树龄30年的较15～20年的卵量多。第一代卵产在晚熟品种上的较中熟品种上的多。雌蛾一生产卵少则1～3粒，多则84～141粒，平均32.6～43粒。成虫寿命最短1～2d，最长10～13d，平均5d左右。

第一代卵期最短5～7d，最长21～24d，平均9.1～16.5d；第二代卵期最短5～6d，最长10d，平均8d。刚孵化的幼虫，先在果面上四处爬行，寻找适当的蛀入处所蛀入果内。蛀入时不吞食果皮碎屑，而将其排出蛀孔外。在花红上多数幼虫从果面蛀入；在香梨上多数幼虫从萼洼处蛀入；在杏果上则多数从梗洼处蛀入。幼虫能蛀入果心，并为害种子。幼虫在苹果和红花内蛀食所排出的粪便和碎屑呈褐色，堆积于蛀孔外。由于虫粪缠以虫丝，为害严重时常见其串挂在果实上。

幼虫从孵化开始至老熟脱果为止，完成幼虫期所需的天数，最短25.5～28.6d，最长30.2～31.2d，平均28.2～30.1d。非越冬的当年老熟幼虫，脱离果实后爬至树皮下，或从地上的落果中爬上树干的裂缝处和树洞里做茧化蛹。在光滑的树干下，幼虫则可化蛹于地面上其他植物残体或土缝中。此外，幼虫也能在果实内、果品运输包装箱及贮藏室等处做茧化蛹。蛹期越冬代12～36d，第一代9～19d，第二代13～17d，平均15.7d。

四、防治技术

1. **检疫监管**　加强检疫是阻止苹果蠹蛾传入和扩散蔓延的关键。限制苹果蠹蛾发生地区一切寄主植物果实及其有关包装材料的调运，对确需输出的部分植物产品要求进行严格的检疫；对进口的果品及繁殖材料同样需采取严格的检疫措施。

2. **农业防治**　保持果园清洁，摘除树上的蛀果、拣拾落果并处理落果中的幼虫，刮除果树枝干上的粗老翘皮。每年秋季在老龄幼虫脱果之前用粗麻布、瓦楞纸等材料绑缚树干，诱集当年的越冬幼虫，冬季将绑缚材料取下并集中销毁，消灭越冬幼虫。

3. **生物防治**　利用性信息素技术防治苹果蠹蛾，通过在田间设置性诱剂诱捕器捕获成虫，还可通过在果园中释放雌蛾性信息素，干扰雄蛾对雌蛾的准确定位。选用赤眼蜂、白僵菌等是防治苹果蠹蛾的重要方法。还可通过释放不育的苹果蠹蛾，降低其自然种群的生命力和繁殖力。

4. **化学防治**　防治卵可使用20%氰戊菊酯乳油；防治幼虫可选用4.5%高效氯氰菊酯乳油800～1 000倍液、2.5%溴氰菊酯乳油3 000～4 000倍液、5%甲氨基阿维菌素苯甲酸盐1 000倍液、苏云金杆菌等；防治成虫可在发生期喷施20%氰戊菊酯乳油3 000～4 000倍液。

用于防治苹果蠹蛾的性信息素迷向丝

五、调查方法

苹果蠹蛾的监测包括普查和定点监测。

1. 普查 一年进行2～3次。发生区重点监测有代表性的果园和边缘区，主要监测苹果蠹蛾发生动态和扩散趋势。未发生区重点监测风险区域，如发生区周边、果汁加工厂内及周边果园、大中型水果交易市场或集散地周边果园，以及机场、铁路、道路两侧的果园。

成虫监测：利用苹果蠹蛾性信息素对雄成虫的诱集作用，配合使用诱捕器诱捕成虫，根据当地苹果蠹蛾发生规律开展监测。选用苹果蠹蛾专用诱芯和诱捕器，每一个监测点设置一组诱捕器，每组由5个独立的诱捕器构成，诱捕器间距30m以上，诱捕器安放的高度保持在1.5m以上。诱捕器附近安放醒目标志以便调查并防止受到无意破坏。诱芯每月更换1次，粘虫胶板每1～2周更换1次，更换下的废旧诱芯和胶板集中进行销毁。

幼虫调查：每个果园取10个样点，每个样点调查50个果实，对发现的虫果进行剖果检查，确认是否为苹果蠹蛾幼虫。如监测点所在位置为果树分散的区域，可在监测点附近随机选取10个样点，方法同上。

果园巡查：结合苹果蠹蛾成虫监测和幼虫调查。对辖区内有

苹果蠹蛾诱捕器

代表性的果园及其他可疑地区果园进行踏查，每次调查面积占寄主作物种植面积的50%以上。查看是否诱集到成虫，寄主植物有无典型被害状，必要时，采集可疑样本送实验室鉴定。

2.定点监测　发生区，每个县选择上一年发生严重、较重、较轻的大面积连片寄主作物种植区3～5个果园。未发生区，重点县在风险区域选择2～5个果园。以上每个果园作为全国疫情监测点进行编号管理。

苹果蠹蛾成虫监测和幼虫调查方法同普查。根据当地苹果蠹蛾发生规律开展监测。

成虫监测时间：每年的4～10月，当日均气温连续5d达到10℃（越冬幼虫化蛹的起始温度）以上时开始安放诱捕器，当秋季日平均气温连续5d在10℃以下时，停止当年的监测。监测期内，每周调查1次，发生高峰期需每3d调查1次。

幼虫调查时间：一般在5月下旬至6月上旬（第一代幼虫）及8月中旬至8月下旬（第二代幼虫）进行。每年进行1～2次调查。

监测中发现有苹果蠹蛾发生，根据监测情况、实地调查情况判定发生范围及程度。植物检疫机构对监测结果进行整理汇总形成监测报告，并按要求逐级上报。发现新疫情或原有疫情点苹果蠹蛾疫情暴发时，应立即报告。

小麦条锈病

一、分布与为害

小麦条锈病是由条形柄锈菌小麦专化型 [*Puccinia striiformis* West. f. sp. *tritici* Eriks et Henn] 引起的小麦真菌病害，俗称黄疸、黄筋。小麦条锈病菌属担子菌纲冬孢菌亚纲锈菌目柄锈菌科柄锈菌属。

小麦条锈病广泛分布于全国各小麦产区，根据《全国植保统计资料》2015—2019年统计，条锈病在我国20多个省（自治区、直辖市）发生，按照其发生特点可划分为越夏区、冬繁区和流行区。越夏区是指夏季最热旬平均气温23℃以下的区域，主要包括我国西北、西南等冷凉山区。条锈病菌可以在此区继续侵染小麦度过夏季，并向本区及临近地区秋苗传播，是条锈病源头治理的重点区域。冬繁区是指距离越夏菌源区较近，秋苗发病且冬季可继续生长繁殖的地区，可为春季流行提供大量菌源，主要包括四川盆地、陕西汉水流域、湖北江汉平原和西北部、河南南部、云南等，是控制条锈病流行的关键区域。流行区是指春季条锈病容易发生流行的地区，包括陕西、甘肃、青海、宁夏、新疆、四川、重庆、云南、贵州、西藏、湖北、河南、山东、河北、山西、安徽、江苏等，根据发生频率，该区又细分为常发区、易发区和偶发区。该区是我国小麦主产区，是条锈病防控的重要区域。

二、症状特征

小麦条锈病菌以感染小麦叶片为主，叶鞘、穗、芒均可受害，一般冬小麦当年10月至次年6月，晚熟冬麦和春小麦5～8

小麦条锈病苗期症状

月都可发病。受侵染后，初期在麦叶的表面出现褪绿斑点，之后长出黄色的粉疱，这种粉疱叫夏孢子堆，后期又长出黑色的疱斑，叫冬孢子堆。夏孢子堆小，鲜黄色，狭长形至长椭圆形，排列成条状并与叶脉平行，幼苗期不成行排列。冬孢子堆黑色，狭长形，埋伏于表皮下，成条状。

小麦条锈病拔节期症状

小麦条锈病穗期症状

三、发生规律

在我国，小麦条锈病菌主要以夏孢子世代在小麦上逐代侵染完成周年循环，是典型的远程气传病害。夏孢子落在寄主叶片上，在适宜的温度(14 ～ 17℃)和有水膜的条件下侵染小麦。病菌在麦叶组织内生长10 ～ 15d后，便在叶面上产生夏孢子堆。每个夏孢子堆可持续产生夏孢子若干天，夏孢子繁殖很快。夏孢子可随风传播，风的方向和强度决定了夏孢子传播的方向和距离。夏孢子可通过强大气流带到1 599 ～ 4 300m的高空，吹送到几百千米至

2 400km以外的地方而不失活性进行侵染。病菌孢子借助东南风和西北风的吹送，在高海拔冷凉地区的小麦上越夏，在低海拔温暖地区的冬麦上越冬，完成周年循环。我国黄河、秦岭以南较温暖地区，小麦条锈病菌从秋季到小麦收获前均可为害。黄河、秦岭以北冬季小麦生长停止地区，最冷月月均温不低于－6℃或有积雪不低于－10℃的地方，病菌主要以潜育菌丝状态在存活的麦叶组织内越冬，待第二年春季温度适宜生长时，再繁殖扩大为害。

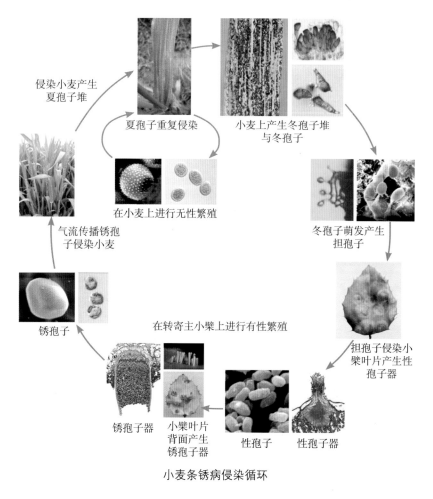

侵染小麦产生
夏孢子堆

夏孢子重复侵染

小麦上产生冬孢子堆
与冬孢子

在小麦上进行无性繁殖

气流传播锈孢
子侵染小麦

冬孢子萌发产生
担孢子

锈孢子

在转寄主小檗上进行有性繁殖

担孢子侵染小
檗叶片产生性
孢子器

锈孢子器

小檗叶片
背面产生
锈孢子器

性孢子

性孢子器

小麦条锈病侵染循环

四、防治技术

小麦锈病的防治应贯彻"预防为主，综合防治"的植保方针，坚持"综合治理与越夏菌源的生态控制相结合"和"选用抗病品种与药剂防治相结合"的绿色防控理念，严把"越夏菌源控制"、"秋苗病情控制"和"春季应急防治"三道防线。综合运用发现一点、防治一片，点片防治与普治相结合，群防群治与统防统治相结合等多项措施，把为害损失压低到最低限度。

1. 预防措施　因地制宜种植抗病品种是防治小麦条锈病的基本措施。小麦收获后及时翻耕灭茬，消灭自生麦苗，减少越夏菌源。搞好大区抗病品种合理布局，切断菌源传播路线。有条件的地区，做好适期晚播，从时间上避开发病侵染主要时期，减轻发病程度。

2. 药剂防治

（1）药剂拌种。用种子质量0.03％的戊唑醇或三唑酮拌种。非种衣剂类要求干拌，拌种力求均匀，拌好的种子当日播完。注意：三唑酮拌种要严格掌握用药剂量，避免出现药害。

秋播药剂拌种

（2）大田喷药。对早期出现的发病中心要集中进行围歼防治，控制其蔓延。大田病叶率达0.5％～1％时立即进行防治，选用三唑酮、烯唑醇、戊唑醇、氟环唑、丙环唑等药剂，按规定剂量喷雾，并及时查漏补喷。重病田3～5d后第二次喷药，注意轮换用药。

植保无人机大面积喷药防治小麦条锈病

3. 生态控制措施

（1）陇南、川西北菌源区生态治理。改善当地农业生态环境，调整优化作物结构，压缩小麦面积，减少越夏菌源量，切断病菌周年循环，延缓病菌变异。

（2）抗病品种的合理布局。利用抗条锈基因的丰富性，选育抗病品种，不同抗病基因品种合理布局，阻滞病菌变异和发展，抑制新小种上升为优势小种，延缓品种抗性丧失速度，延长品种使用年限。

4. 有性世代综合防控

（1）小檗是条锈病菌有性生殖的主要寄主，可通过铲除麦田周边50m内的小檗，或在小檗初侵染期选用三唑类药剂喷雾防治，阻断病菌有性生殖。

（2）将麦秸带离麦田进行资源化利用，或对麦田和小檗附近的小麦秸秆堆垛进行遮盖，阻止小麦上的病菌（冬孢子）向小檗传播。

（3）铲除麦田及周边杂草，减少病菌寄主和菌源量。

麦田边的小檗

麦秸垛遮盖

对发病早期的小檗喷药防治

五、调查方法

1. **病情调查** 选择发病面积大于1亩的麦田20～30块，每块田5点取样，每点实查67m²，检查发病点和调查病叶数。调查结果记入下表。

小麦条锈病调查记载表

调查日期	地势	调查田块	发病田块	病田率(%)	品种	生育期	调查点数	每点面积	有病点数	病点率(%)	发病中心						单片病叶数	总病叶数	每亩病叶数	普遍率(%)	严重度(%)
											合计	面积		病叶数							
												大	小	多	少						

注：发病中心指单垄33cm有3个以上病叶；普遍率=(病叶数/调查叶片数)×100%；
严重度=(∑各级叶片数×相应级数/调查叶片数)×100%；各级严重度按照病叶上夏孢子堆数量多少进行分级，一般分为1%、5%、10%、25%、40%、65%、80%、100%共8级。

2. **防效调查** 选择采取防治措施的麦田，或示范区防治处理的麦田，药剂防治田分别于用药后7d、14d，或用其他绿色防控措施的麦田在防治结束后小麦收获前，采用5点取样调查防效。

$$病情指数 = \frac{\Sigma\,(严重度级值 \times 各级株数)}{调查总株数 \times 最高级代表值} \times 100$$

$$防治效果 = \frac{对照区病情指数 - 处理区病情指数}{对照区病情指数} \times 100\%$$

条锈病严重度分级标准,用病叶上病斑面积占叶片总面积的百分率表示严重度,分级表示共设8级,分别用1%、5%、10%、20%、40%、60%、80%、100%表示,对处于等级之间的病情则取其接近值,虽已发病但严重度低于1%,按1%计。

六、防治效果评价方法

1.经济效益

挽回产量损失率=对照区产量损失率-防治处理区产量损失率

经济效益=增加产出经济值(挽回产量损失值)-投入经济值(实际投入值)

2.生态效益

减药效果=对照区(完全药剂防治区)用药量-处理区(综合防治区)用药量

3.社会效益

农药残留量=对照区农药残留量-处理区农药残留量

增加收益=处理区总收益-对照区总收益

小 麦 赤 霉 病

一、分布与为害

小麦赤霉病又名烂穗病、麦秸枯、烂麦头、红麦头、红头瘴等，是由半知菌亚门镰孢属的若干个种引起的真菌病害。主要病原有禾谷镰孢（*Fusarium graminearum* Schw.）、亚洲镰孢（*F. asiatisum* O'Donnell，T. Aoki，Kistler & Geiser）、假禾谷镰孢（*F. pseudograminearum* O'Donnell & T. Aoki）、燕麦镰孢 [*F. avenaceum*（Fr.）Sacc.]、黄色镰孢 [*F. culmorum*（Wm. G. Sm.）Sacc.] 等。我国优势种主要是禾谷镰孢和亚洲镰孢，长江中下游麦区以亚洲镰孢为主，黄淮麦区以禾谷镰孢为主。近年来，假禾谷镰孢在黄海麦区的病菌群体中占比不断增加。小麦赤霉病在全国各麦区均有分布，以淮河以南及长江中下游麦区发生最为严重，黑龙江春麦区也常严重发生。近年来，受耕作制度和全球气候变化等因素的影响，小麦赤霉病逐渐向北蔓延，发病面积不断扩大至黄淮海和西北等广大冬麦区。受害小麦一般可减产1～2成，大流行年份减产5～6成，甚至绝收，对小麦生产构成严重威胁。

二、症状特征

小麦生长的各个阶段都能受害。苗期侵染引起苗腐，中后期侵染引起秆腐和穗腐，尤以穗腐危害性最大。穗腐是由病菌侵染花药、颖片内侧壁等引起，通常1个麦穗的小穗先发病，然后迅速扩展到穗轴，进而使其上部其他小穗迅速失水枯死而不能结实。表现症状为侵染初期在颖壳上呈现边缘不清的水渍状褐色斑，渐蔓延至整个小穗，病小穗随即枯黄。高温高湿条件下，发病后期的小穗基部出现粉红色胶质霉层。

小麦赤霉病苗期症状

小麦赤霉病茎秆症状

小麦赤霉病穗部症状

三、发生规律

赤霉病菌以腐生状态在田间稻桩、玉米根茬、小麦秸秆等各种植物残体上越夏越冬。春天，田间残留在稻桩、玉米根茬、小麦秸秆上的病菌在一定温、湿度条件下产生子囊壳，成熟后吸水破裂，壳内病菌孢子喷射到空气中，并随风雨传播（微风有利于传播）到麦穗上，引起发病。病菌在田间残留的秸秆上产生的大量分生孢子也能作为初侵染源侵染麦穗。小麦收获后，病菌在田间稻桩、玉米、小麦秸秆上越夏、越冬。

赤霉病的发生和流行强度主要取决于品种抗病性、菌源量、抽穗至灌浆期的气候条件等因素。一般来说，品种穗形细长、小穗排列稀疏、抽穗扬花整齐集中、花期短的品种较抗病。田间稻桩和病残体带菌率高，空气中病菌孢子多，病害流行的风险也随之升高。小麦抽穗至灌浆期（尤其是小麦扬花期）温湿度是病害发生轻重的最重要因素；抽穗至灌浆期如遇2d以上连阴雨和大雾、日平均气温大于14℃天气，病害就可能流行成灾。

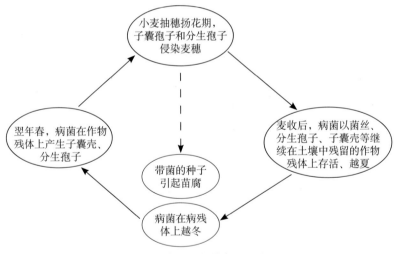

小麦赤霉病主要侵染循环示意图

四、防治技术

小麦赤霉病防治采取以农业防治为基础，减少初侵染源，选用抗病品种和关键时期药剂保护的综合防治策略。

1.**选用抗病品种**　赤霉病常发区应选用中等抗性以上的品种，不种高感品种。播种时要精选种子，减少种子带菌率。控制播种量，避免植株过于密集和通风光照不良。长江流域麦区宜选用苏麦、扬麦系列品种。

2.**农业防治**　播种前处理前茬作物病残体，利用机械等方式粉碎作物残体，翻埋土下，使土壤表面无完整秸秆残留，减少田间初侵染菌源数量。适当控制氮肥、增施磷钾肥，防止倒伏和早衰。扬花期应少灌水，做好开沟排水，做到雨过田干，沟内无积水。

3.**药剂防治**　小麦赤霉病防治的关键是抓好抽穗扬花期的喷药预防，即在小麦抽穗扬花关键时期，见花打药，主动预防，遏制病害流行。对高感品种，小麦抽穗至扬花期如天气预报有连阴雨、结露和多雾天气，首次施药时间应提前至破口期。药剂品种可选用氰烯菌酯·戊唑醇、戊唑醇·丙硫菌唑、氟唑菌酰羟胺·丙环唑等高效药剂，同时要用足水量。施药后3～6h内遇雨，雨后及时补治。遇病害严重流行年份，第一次防治后5～7d再喷药1～2次，确保控制效果。对多菌灵抗性高水平地区，应停止使用苯并咪唑类药剂，提倡轮换用药和混合用药。赤霉病偶发区，可结合其他病虫防治，在抽穗扬花期进行"一喷多防"，兼治多种病虫害。

小麦花期地面大型机械施药预防

植保无人机应急防治

五、调查方法

1. **病情调查** 选择不同处理区不同类型发病麦田10块以上，每块田5点取样，每点查500穗，结果记录于下表。

小麦赤霉病发病情况调查表

调查日期	调查地点	类型田	品种	调查穗数（个）	病穗数（个）	病穗率（%）	各严重度级别穗数（个）					病情指数	备注
							0	1	2	3	4		

$$严重度 = \frac{\Sigma 各级叶片数 \times 相应级数}{调查叶片数} \times 100\%$$

各级病情严重度以小麦穗部发病情况划分，共分5级：0级无病；1级病小穗数占全部小穗的1/4以下；2级病小穗数占全部小穗的1/4～1/2；3级病小穗数占全部小穗的1/2～3/4；4级病小穗数占全部小穗的3/4以上。

2. **防效调查** 采用药剂防治的田块分别于药后7d、14d，其他绿色防控措施的麦田防治结束后收获前，每块田5点取样，进行防效调查，计算病情指数和防治效果。

六、防治效果评价方法

1. 防治效果

$$病情指数 = \frac{\Sigma\,(严重度级值 \times 各级株数)}{调查总株数 \times 最高级代表值} \times 100$$

$$防治效果 = \frac{对照区病情指数 - 处理区病情指数}{对照区病情指数} \times 100\%$$

2. 经济效益

挽回产量损失率＝对照区产量损失率－防治处理区产量损失率

经济效益＝增加产出经济值（挽回产量损失值）－投入经济值（实际投入值）

3. 生态效益

减药效果＝对照区（完全药剂防治区）用药量－处理区（综合防治区）用药量

天敌增加量＝处理区天敌数量－对照区天敌数量

4. 社会效益

农药残留量＝对照区农药残留量－处理区农药残留量

增加收益＝处理区总收益－对照区总收益

稻 瘟 病

一、分布与为害

稻瘟病又名稻热病、火烧瘟、叩头瘟、掐颈瘟、吊头瘟等。稻瘟病病原菌分为无性态和有性态，无性世代为半知菌亚门灰梨孢属 *Pyricularia grisea*（Cooke）Saccardo；有性世代为子囊菌亚门 *Magnaporthe grisea*（Hebert）Barr comb. nov.，有性态只在人工培养条件下出现，自然条件下鲜有发生。稻瘟病在我国各稻区均有分布，发生程度在地区间、品种间、年度间差异较大，一般山区、早晚露雾大、湿度高、光照少的稻区发病重。近年因种植感病品种，或同一品种在同一地区大面积种植多年，平原稻区也常有稻瘟病发生，造成严重产量损失。如2014年安徽两优0293因连续种植6～7年，黑龙江空育131大面积种植十几年，导致稻瘟病大面积发生为害。稻瘟病主要防治区域为山区、半山区，早晚露雾大、湿度高、光照少的稻田；种植感病品种，施化肥尤其是氮肥多，稻株生长浓绿、茂密，采用井水、水库水等冷凉水灌溉的田块。

二、症状特征

稻瘟病可在水稻各生育期发生，可感染不同部位，根据感染部位分为苗瘟、叶瘟、叶枕（节）瘟、穗颈瘟、枝梗瘟、谷粒瘟。

苗瘟 秧苗3叶期前发病，主要由种子带菌引起。初在芽和芽鞘上出现水渍状斑点，病苗基部灰黑色枯死，无明显病斑。3叶期后病斑呈短纺锤形、棱形或不规则小斑，灰绿色或褐色，湿度大时病斑上产生青灰色霉层，严重时成片枯死。

叶瘟 秧苗后期、移栽后至抽穗期均可发病，分蘖盛期发病

稻瘟病苗瘟症状

较多。因品种、气候条件等因素影响，叶瘟病斑变化较大，可引起死秧、死苗，严重的造成全田死苗。初期病斑为水渍状褐点，随后病斑逐步扩大，可造成叶片枯死。根据病斑形状、大小和色泽的不同，可将叶瘟分为4种病斑类型：急性型、慢性（普通）型、白点型和褐点型。

稻瘟病急性型叶瘟症状

稻瘟病褐点型叶瘟症状　　　稻瘟病慢性（普通型）叶瘟症状

稻瘟病白点型叶瘟症状

叶枕瘟、节瘟 叶枕瘟发生在叶片和叶鞘连接的叶片基部叶耳、叶环和叶舌（叶枕）上。初期病斑灰绿色，后呈灰白色或褐色，潮湿时长出灰绿色霉层，可引起病叶枯死和穗颈瘟。节瘟与穗颈瘟相似，初在稻节上产生褐色小点，后围绕节部扩展，使整个节部变黑腐烂，干燥时病部易横裂折断，早期发病可造成白穗。

稻瘟病叶枕瘟症状

稻瘟病节瘟症状

穗颈瘟、枝梗瘟 穗颈瘟是造成最直接、最严重损失的稻瘟病症状，可导致不同程度的产量损失甚至颗粒无收。发生于穗下第一节穗颈上，病斑初期为水渍状暗褐色，后变黑褐色，高湿条件下病斑产生青灰色霉层，气候条件适宜时出现急性穗颈瘟。枝梗瘟发生于稻穗枝梗上，只影响发病枝梗上的谷粒，症状与穗颈瘟相似，形成部分枝梗白穗。

稻瘟病穗颈瘟症状

稻瘟病枝梗瘟症状

谷粒瘟 发生在谷粒的内外颖上。发病早的病斑呈椭圆形褐色斑点，边缘暗褐色，中部灰白色，潮湿时病部长出灰绿色霉层。

稻瘟病谷粒瘟症状

三、发生规律

稻瘟病是以种传、气传为主的传染性病害，在水稻各个生育期、植株各个部位均可发生为害。除大量的病原菌外，其发生、流行、为害还与水稻品种抗病性、耕作栽培制度、肥水管理、气候条件等因素密切相关。稻瘟病菌以菌丝和分生孢子在病稻草和感病谷粒上越冬，病稻草和带菌种子是翌年病害初次侵染的主要来源。带菌种子播种后即可引起苗瘟。病稻草上越冬的病菌，翌年气温回升到20℃左右时，遇降雨或高湿度，能不断产生分生孢子。孢子主要借气流传播，其次是雨水和昆虫。分生孢子传到稻株叶片上，在适宜的温湿度下，萌发产生芽管，直接侵入稻株组织表皮。稻瘟病出现病斑后，在适宜气候下病斑上会产生大量分生孢子，借气流传播，进行再侵染。单、双季稻混栽地区，病菌相互传播侵染机会大，可加重为害。叶片上（尤其是倒2、3叶）的病斑形成的分生孢子是引起穗颈瘟的主要菌源。

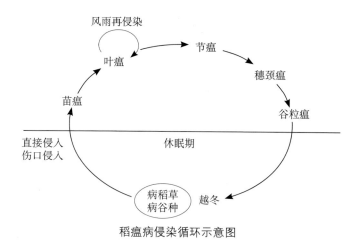

稻瘟病侵染循环示意图

四、防治技术

1.加强监测预报

（1）叶瘟。设立稻瘟病观测圃，依据水稻品种抗性，从苗期、移栽至孕穗后期进行叶瘟监测，感病品种上如发现中心病株，同时又恰逢适温（25～30℃）高湿（相对湿度90%以上），1周后叶瘟将普遍发生。如出现急性病斑且数量急剧增加，叶瘟就会大发生，需要马上施药，封锁发病中心。

（2）穗颈瘟。穗颈瘟发生与种植的水稻品种抗性、品种在孕穗至抽穗扬花期遇到的适宜气候条件（同叶瘟）有密切关系。发生过苗瘟、叶瘟，种植的是感病品种，或穗期遇适温、阴雨、早晚多露雾天气，则预示穗颈瘟会发生且严重，反之则可能轻发生或不发生。通常发生了苗瘟、叶瘟的品种、田块，穗颈瘟也会发生。

2.种植抗性品种 种植高产、优质、抗病品种（组合）。品种要科学、合理布局，避免单一品种大面积连片、多年种植。

3.种子处理　浸种前晒种 1 ~ 2d（强日照 1d，弱日照 2d）。用 10kg 清水＋3 ~ 4kg 黄泥或 2kg 工业盐选种。药剂浸种采用 1% 石灰水，早稻气温 10 ~ 15℃下浸种 3 ~ 4d，晚稻气温 20 ~ 25℃下浸种 1 ~ 2d，石灰水层要高出种子 15cm 左右，加盖静置。浸种后用清水清洗 3 ~ 4 次，催芽播种；或选用 45% 咪鲜胺水乳剂、70% 甲基硫菌灵可湿性粉剂、40% 异稻瘟净乳油浸种，早稻用 1 000 倍液浸 2 ~ 3d，晚稻用 500 倍液浸 1d。

4.清除病稻草　播种前彻底清除病稻草，不用陈稻草盖种、催芽、保湿覆盖，病区或带病种子不能留种，消灭越冬菌源。

5.药剂防治　稻瘟病防治采取"预防为主、发病初期喷药治疗"的策略。秧苗移栽前 2 ~ 3d 喷施送嫁药带药移栽。苗瘟、叶瘟在稻株叶片出现病斑或发病中心时，应立即喷药防治。发生过苗瘟、叶瘟的田块、老病区、种植感稻瘟病品种，水稻中后期长势茂密、嫩绿，孕穗中后期至扬花灌浆期遇连续适温（25 ~ 30℃）、阴雨高湿（连续 5d 以上阴雨或相对湿度 90% 以上）的天气，则必须喷药预防穗颈瘟。预防穗颈瘟应在水稻破口期第一次施药，抽穗扬花至齐穗期第二次施药。

尚未出现病斑、初见病斑或发病株时，药剂可选用 75% 三环唑可湿性粉剂，每亩对水 30 ~ 45kg，连续施药 2 ~ 3 次，间隔 7 ~ 10d。当田间出现稻瘟病病斑或发病株时，应立即喷药治疗，药剂可选用 1 000 亿孢子/g 枯草芽孢杆菌可湿性粉剂、75% 肟菌·戊唑醇水分散粒剂、4% 春雷霉素水剂，每亩对水量 30 ~ 45kg，均匀喷雾，连续施药 2 ~ 3 次，每次间隔 7 ~ 10d。

五、调查方法

叶瘟和穗颈瘟在田间均为聚集型分布，宜采用平行跳跃式或 Z 形方法调查取样。每块田 5 点取样，如田块面积较大，可将田块分成 3 个小区，每小区 5 点取样调查。

1.叶瘟　选择有代表性的稻田 3 块，每块田按平行跳跃式 5 点取样，每点调查 5 丛水稻的叶片，从水稻分蘖开始至始穗期为止，每5d调查1次。记载病叶数、急性型病斑数，进行严重度分级，计算病叶率、病情指数。

2．穗颈瘟　水稻乳熟期开始至蜡熟期为止，每块田按平行跳跃式5点取样，每点调查10丛，共调查50丛水稻的稻穗，每7d调查1次。记载病穗数，进行严重度分级，计算发病率和病情指数。

3．病情普查　分别于水稻分蘖末期、孕穗末期各进行1次叶瘟普查，于蜡熟期进行穗颈瘟普查。在出现有利于发病的气候条件时，进行面上普查，记载发病率和严重度，计算病情指数。

六、防治效果评价方法

使用药剂防治稻瘟病时，于施药前调查病害发生情况（发病率和病情指数，下同），最后一次药后14d、21d各调查1次病害发生情况。苗瘟、叶瘟调查分级标准见表1，穗颈瘟调查分级标准见表2。

$$病情指数 = \frac{\Sigma（各严重度级值 \times 各级严重度病株数）}{调查总株数 \times 严重度最高级代表值} \times 100$$

$$防治效果 = \frac{空白对照区病情指数 - 处理区病情指数}{空白对照区病情指数} \times 100\%$$

表1　水稻苗瘟、叶瘟调查分级标准

病级	症状
0	无病
1	针头状大小褐点，直径< 1mm
3	圆至椭圆形灰色病斑，边缘褐色，直径1～2mm
5	典型纺锤形病斑，长1～2cm，通常局限在两叶脉之间，病斑面积占叶面积的2.0%～10.0%

（续）

病级	症状
7	典型纺锤形病斑，病斑面积占叶面积的10.1%～50.0%
9	典型纺锤形病斑，病斑面积占叶面积的50.1%～75.0%，或全叶枯死

表2　水稻穗颈瘟调查分级标准

病级	穗颈瘟受害情况	单穗受害情况
0	病穗率为0（无病）	穗上无病，每穗损失率≤0.5%
1	病穗率≤1.0%	每穗损失率0.6%～5.0%（个别小枝梗发病）
3	病穗率为1.1%～5.0%	每穗损失率5.1%～15.0%（1/10～1/5左右枝梗发病）
5	病穗率为5.1%～25.0%	每穗损失率15.1%～30.0%（1/5～1/3左右枝梗发病）
7	病穗率为25.1%～50.0%	每穗损失率30.1%～50.0%（穗颈或主轴发病，谷粒半瘪）
9	病穗率≥50.1%	每穗损失率≥50.1%（穗颈发病，大部分瘪谷或造成白穗）

南方水稻黑条矮缩病

一、分布与为害

南方水稻黑条矮缩病2001年首次发现于我国广东省，随后在我国南方稻区和越南北部稻区迅速扩散，主要为害我国长江以南稻区的中稻和双季晚稻。该病常年导致我国300万～375万亩水稻受害，大暴发的2010年受害面积达2 055万亩，受害田块稻谷产量损失30%以上，重病田块绝产失收。由于分蘖期以后受病毒侵染的植株症状不明显，该病害实际分布区域远大于受害面积。我国南方稻区每年防控面积约900万亩，主要通过内吸性杀虫剂拌种和秧苗带药移栽预防水稻生长早期的白背飞虱传毒。

南方水稻黑条矮缩病的病原为南方水稻黑条矮缩病毒（*Southern rice black-streaked dwarf virus*，SRBSDV），属呼肠孤病毒科（*Reoviridae*）斐济病毒属（*Fijivirus*）。病毒粒体球状，直径为70～75nm，仅分布于感病水稻植株的韧皮部，在细胞内聚集成晶格状的结构。病毒基因组为10条双链RNA，共编码13个基因。在自然界里，SRBSDV仅通过白背飞虱传播，病毒可在虫体内复制增殖，虫体一旦获毒即终身带毒，但不能通过虫卵传至下代飞虱。无毒白背飞虱在水稻病株上取食获毒，最短获毒的取食时间为5min。获毒后的白背飞虱不能立即传毒，需经过6～14d的潜育期才能传毒。经过潜育期的带毒白背飞虱通过取食将病毒传至健康稻株，最短传毒取食时间为30min。

二、症状特征

南方水稻黑条矮缩病的典型症状为植株矮缩，叶色深绿色，拔节期后茎秆表面纵向排列乳白色至褐黑色瘤状突起，高节位着生气生根及分蘖。症状因病毒侵染时期不同而异，通常在感病后2～3周出现明显症状。秧苗期染病的稻株在分蘖初期显症，表现为植株严重矮化，不能拔节，不能抽穗，重病株早枯死亡；分蘖初期感病稻株，在拔节期显症，株高为正常稻株的1/2，不抽穗或抽包颈穗；分蘖后期感病稻株，在抽穗期显症，病株稍矮化，茎秆表面有瘤状突起，大部分能抽穗，但穗小，结实少，粒重轻；拔节期以后染病的植株通常无症带毒。

南方水稻黑条矮缩病典型症状
1.早期感病的矮缩病株　2.后期感病的包颈穗　3.高节位分枝及气生根
4.病株茎秆表面白色瘤状突起　5.感病水稻根系褐化、不发达（右）

三、发生规律

病原病毒及其传毒介体白背飞虱主要在越南中北部及我国海南岛和两广南部越冬，也可在缅甸北部及云南西南部少数地区越冬。根据早春气流方向及水稻播种期，越冬的带毒白背飞虱可在2～3月迁入两广南部及越南北部，随后迁入珠江流域和云南红河，4月迁至两广北部和湖南、江西南部及贵州、福建中部，5月下旬至6月中下旬迁至长江中下游和江淮地区，6月下旬至7月初迁至华北和东北南部，8月下旬后，季风转向，白背飞虱再携毒随东北气流南回至越冬区。

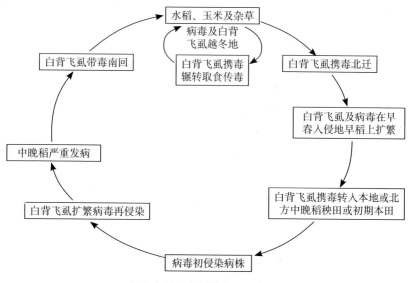

南方水稻黑条矮缩病周年循环

在南方稻区，早春迁入代带毒飞虱在拔节期的早稻植株上取食传毒，致使染病植株表现矮缩症状。同时，迁入的雌虫在部分感病植株上产卵，第二代若虫在病株上获毒（获毒率约80%），2～3周后带毒飞虱若虫在植株间转移为害致使初侵染病株周边稻株染病。此时早稻已进入分蘖后期，染病植株不表现明显矮缩症状，但可作为同代及后代白背飞虱获毒的毒源植株。毒源植株上产生的第二代或第三代成虫，携病毒短距离转移或长距离迁飞至异地，成为中稻或晚稻秧田及早期本田的侵染源。

中稻和晚稻秧田期，如果带毒飞虱成虫于2叶期之前进入秧田传毒、产卵，则水稻移栽前可产生下一代中高龄若虫并传毒，致使秧苗带毒率高，移栽后造成本田严重发病。如果带毒成虫在秧田后期迁入，感病秧苗带卵被移栽至本田，本田初期（分蘖前期）病株上产生的若虫会高比例获毒，这些带毒若虫在田间进行短距离转移并传毒，致使田间病株成团块分布。早稻上带毒飞虱若虫或成虫转入中、晚稻初期本田，由于白背飞虱群体带毒率比较低，只能导致少数植株染病，矮缩病株呈零星分散分布。晚稻中后期产生的带毒白背飞虱，只能造成水稻后期染病，表现为抽穗不完全或其他轻微症状。

南方水稻黑条矮缩病是典型的远距离扩散大区域流行性病害，病害发生程度取决于迁入代白背飞虱带毒率及迁入水稻秧田的带毒飞虱虫量。我国南部稻区早春（4～5月）迁入白背飞虱带毒率低于1%为病害轻发生年份，带毒率1%～2%为病害中等发生年份，带毒率大于2%则存在病害暴发流行的高风险。早稻中后期感病稻株可作为晚稻病毒侵染源，如果当地早稻病株率大于5%，且有较多的白背飞虱转入晚稻秧田，则晚稻有可能严重发病。

四、防治技术

南方水稻黑条矮缩病可防不可治。当前最高效的防控对策是分区治理、联防联控，即在毒源越冬区压缩冬种水稻面积，减少冬闲田自生稻苗，综合控制白背飞虱；在病毒早春扩繁区加强早稻病情监测，控制白背飞虱扩繁基数；在中晚稻受害区开展应急防控。应急防控应以病情监测为基础，既要避免过度施药又要避免病害成灾，实行治虫防病，治秧田保大田，治前期保后期的防控措施。

1.**防虫网覆盖育秧** 病害常发区采用防虫网覆盖秧田，阻止带毒白背飞虱迁入中稻及晚稻秧田传毒。播种前，将秧田平整成宽约1.8m的苗床，将露白稻种播入秧田后，取长约2.5m，宽5cm的竹条，插入秧田边缘5～10cm处的土中固定，将竹条弯成高70～80cm的拱架，两拱架间距50cm，播种后立即覆盖20～40目*尼龙防虫网，防虫网四周用泥土压紧，移栽前2～3d揭网炼苗。

2. 药剂拌种 采用持效期长的内吸性杀虫剂拌种，控制白背飞虱在秧苗上扩繁和传毒。每千克干稻种可选用25%吡蚜酮悬浮剂8g或10%吡虫啉可湿性粉剂10g或20%呋虫胺可溶性粒剂5g拌种。稻种浸种12h后捞出沥干，室温催芽至露白待用。将药浆加入露白稻种中缓慢搅拌，至所有种子表面均匀附着药剂，再晾干2～3h后播种。

3. 带药移栽 俗称"送嫁药"。移栽前2～3d秧苗喷施内吸性杀虫剂，秧苗带药移栽至本田，防控白背飞虱在本田初期扩繁和传毒。所用药剂应与种子处理的药剂品种交替使用。

五、调查方法

1. 越冬白背飞虱虫口密度调查及带毒率检测 白背飞虱可在我国华南及西南南部越冬，在冬种稻、再生稻苗、落谷苗、稻桩等越冬场所调查，用网扫法每点扫10复网次（左右摆幅3m，总共30m²以上），收集白背飞虱成虫和若虫，采用RT-PCR或血清学方法检测虫体带毒情况，计算带毒率。

2. 灯诱白背飞虱带毒率检测 分早、中、晚稻，在每季水稻秧苗期至分蘖期，采用虫情测报灯逐日收集白背飞虱，将每日白背飞虱样品置于1.5mL或2mL小离心管中。为防止虫体腐烂，管内再放入适量经70%酒精浸润的纸布或棉球，盖紧管盖。采用RT-PCR或血清学方法检测虫体带毒情况，计算带毒率。

3. 田间病情调查 在水稻分蘖期、拔节期和成熟期各调查1

---

* 目为非法定计量单位，20目对应的孔径约为0.95mm，40目对应的孔径约为0.44mm。

次。每个调查区选取不同品种、不同播栽期的类型田各5块，采用平行跳跃式10点取样，每点调查20丛，记载发病丛数，计算病丛率。

六、防治效果评价方法

在水稻移栽后30～45d进行防治效果调查评价。每种防治处理田调查5块田，每块田采用平行跳跃法调查5点，每点100丛水稻。调查记录病株数，计算病株率，未防治田块作为对照田，计算防病效果。

$$防治效果 = \frac{空白对照区病株率 - 处理区病株率}{空白对照区病株率} \times 100\%$$

马铃薯晚疫病

一、分布与为害

马铃薯晚疫病属卵菌病害，病原为致病疫霉 [*Phytophthora infestans* (Mont.)de Bary]，属卵菌门霜霉目疫霉属。马铃薯晚疫病是一种毁灭性病害，严重威胁马铃薯产业。马铃薯晚疫病在我国各马铃薯产区均有发生，以西南产区包括贵州、云南、四川、重庆、湖北等省发生最为严重，西北产区包括甘肃、宁夏、陕西、青海、新疆等省份多雨或马铃薯生长后期雨水较充沛时发生较重。

二、症状特征

病原菌可侵染马铃薯叶、茎秆和薯块，导致晚疫病发生。叶片发病，多从叶尖和叶缘开始，初时产生绿褐色的水渍状褪绿斑点，斑点周围常有浅绿色的晕圈，后病斑扩大变为褐色，晕圈边缘生出一圈白色霉状物，雨后或有露水的早晨在叶背病斑边缘最明显，后逐渐扩大，近圆形，暗褐色，边缘不明显。在空气湿度大时，病斑迅速扩大直至全叶，严重时叶片萎垂发黑，可造成全株枯死，整田发病严重时远观似火烧状。茎部受害，出现长短不一的褐色条斑，天气潮湿时，表面也会长出白霉，但较为稀疏。薯块受害，初为小的褐色或稍带紫色的病斑，之后稍凹陷，病斑可扩大。切开病部，可见皮下薯肉呈褐色，且逐渐向四周及内部发展，病薯在高温下培养 2～3d 后，亦可长出白色霉状物。带病种薯长出的病苗，茎部条斑与地下块茎相连，称为中心病株。薯块可在田间发病引起腐烂，也可在贮藏期发病引起烂薯。

马铃薯晚疫病叶片初发症状（正面）　　马铃薯晚疫病叶片初发症状（背面）

马铃薯晚疫病大发生初期叶片症状　　　病斑周边的白色霉状物

马铃薯晚疫病大田症状

重发田远观呈"火烧状"

马铃薯茎部发病症状　　　　薯块褐色或略显紫色的病斑

三、发生规律

马铃薯晚疫病是一种典型的流行性病害，其发生和流行与当地的气候条件有着极为密切的关系。高湿凉爽的气候条件是晚疫病传播流行的必要条件，致病疫霉孢囊梗的形成，要求空气相对湿度不低于85%，孢子囊的形成要求相对湿度在90%以上，以饱和湿度最为适宜。通常致病疫霉孢子囊多形成于晚间，随气流扩散传播，孢子囊落在叶片上后，释放出游动孢子，通过叶片上的气孔、皮孔、角质层侵入，亦可通过伤口或芽眼的鳞片侵入。侵入过程中，必须有水膜或水滴才能萌发。孢子囊萌发的方式和速度又与温度有关，产生孢子囊的最适温度为18～22℃，极限温度为7～25℃。在发病季节，温度条件一般能够满足，如果阴雨连绵或早晚多雾、多露，病害很快就会流行。病菌侵入寄主组织后经过一段时间发育，再从气孔伸出孢囊梗，这段时间称为潜育期。潜育期的长短与环境条件、寄主的抗病性、病菌的致病力有关，在叶片上一般为2～7d，块茎上约1个月。如果病菌致病力强，种薯感病，又遇阴雨天气，则潜育期短。田间出现病株后，如48h内气温不低于10℃，相对湿度75%以上，经1个月左右田间就会出现1%的中心病株。地势低洼、排水不良或偏施氮肥造成植株徒长的田块，晚疫病易发生和流行。田间出现中心病株后，在适宜的条件下，大约10～14d，就会扩展蔓延到全田。

带病种薯是初侵染的主要来源。带病种薯不仅本身可以长出带病的芽苗，且病薯上的病原菌在土壤内可通过短距离（21cm以内）传播侵染健康薯块使其芽苗染病，亦可随着土壤溶液的移动上升，侵染接触地面的植株叶片。带病种薯萌发时，病斑上的病菌即向幼芽上蔓延，通过皮层向上发展为条斑，有的病薯或病苗的地下部分产生的孢子囊，可经雨水传到附近幼苗的地下茎或植株下部叶片上，或通过匍匐茎蔓延至附近薯块。

病害流行与品种的抗病性关系密切。感病品种无论芽期、幼苗期、花前和花后都易发病，且发病早，发病率高，蔓延速度快；而种植抗病品种可减轻病害的发生。田间植株感病时间多在开花以后，同时品种抗病性的强弱或某些抗病品种的抗性退化与病菌生理小种组成的变化有关。

地势低洼、排水不良或偏施氮肥造成植株徒长的田块，晚疫病易发生和流行。

四、防治技术

1. 农业防治

（1）种植抗病品种。种植抗病品种是防控马铃薯晚疫病最经济、有效的办法，如青薯9号、陇薯7号等。选育和推广抗病品种仍有不足之处，主要表现为：一是晚疫病生理小种不断变异，使得一些显性基因控制的抗性品种逐步失去抗性优势；二是目前推广的抗性品种多为中晚熟品种，而早熟品种基本无抗性；三是目前市场上受欢迎的经济价值相对较好的均为早熟品种，如在欧洲大面积种植的宾杰（BINTJE）即为典型的高感品种。

（2）适时播种。种植早熟品种时，在做好防霜冻措施或者无霜冻威胁的情况下，提早播种，使地下块茎膨大期避开雨季，减少产量损失，该方法能够有效减轻晚疫病的为害。

（3）加强田间管理。一是选择通透气较好的沙性土壤种植，避免在低洼地或黏性重的地块种植；二是做好田间排水，雨季时降低田间湿度；三是薯块进入膨大期后培高土壤，既可减少薯块染病率，又可促进多层结薯；四是在重发生区域实行提前杀秧，于收获前7～10d铲除地上部分植株，并运出田外妥善处理，地表经晾晒后再进行收获，减少薯块染病。

（4）清除病薯。收获后将薯块放在通风处晾干，减少薯块表面病原菌的侵入。入窖前进行清选，清除病薯。播种前种薯切块，采用多把切刀轮换使用，用75%酒精或0.5%高锰酸钾溶液交替浸泡切刀5～10min进行消毒。无论脱毒薯整薯还是切块播种，都要精选种薯，发现烂薯应立即扔掉，以切断晚疫病传播来源。

（5）合理轮作。合理轮作可有效减轻马铃薯晚疫病的发生，可与禾本科、豆类等非茄科作物轮作，或者选择禾本科为前茬作物的地块。据报道，甜菜、胡萝卜、洋葱的根系分泌物对马铃薯晚疫病具有一定的抑制作用。

2.药剂防治

（1）拌种处理。播种前对种薯进行拌种（浸种）处理，能够有效控制晚疫病的发生。拌种方法有干拌和湿拌，干拌是选用一定量的广谱性药剂，如70%丙森锌可湿性粉剂100g、50%克菌丹可湿性粉剂100g，与适量滑石粉均匀混合，再与100kg种薯混匀后即可播种；湿拌是将所选药剂配成一定浓度的药液，均匀喷洒在切好的种薯上，拌匀并晾干后播种，可选择丙森锌可湿性粉剂进行拌种。

（2）药剂防治。加强田间监测，及时发现中心病株，将根和薯块全部挖出，带出田外深埋，病穴撒石灰消毒，并开始全田喷施保护性杀菌剂进行预防。可选择丙森锌、氟啶胺、氰霜唑等保护性杀菌剂的任意一种喷雾，后视实际发病情况或监测预警信息选择内吸治疗性杀菌剂进行防控。我国西南等重发区域或在雨水集中期，可选择烯酰吗啉、氟菌·霜霉威、锰锌·氟吗啉、唑醚·代森联、烯酰·吡唑酯、霜脲·嘧菌酯、丙森·霜脲氰等内吸性治疗剂，也可选择生物药剂丁子香酚等进行防治。

国内外马铃薯晚疫病预警技术发展迅速，田间安装了监测预警系统的区域、采用CARAH为基础的监测预警系统的区域、种植高感早熟品种的区域，从第三代第1次侵染形成开始化学防治，在苗期至块茎形成期内可使用保护性杀菌剂，之后每代第1次侵染形成后可选用内吸性治疗剂进行防治。种植中晚熟品种的区域一般在第五代第1次侵染发生后进行防治，后视病情的发展1~2代用药1次，选用的药剂主要为内吸性治疗剂。

五、调查方法

根据不同区域、不同品种、不同田块类型选择调查田，每种类型田调查数量不少于5块。田块面积不足1亩则全田实查，田块面积1亩以上，采用5点取样法或平行跳跃式取样法，每块田定5点，每点查10株，调查记录各田块病株数，计算病田率和平均病株率，记入下表。

马铃薯晚疫病发生情况调查表

日期	地点	品种	生育期	调查株数	发病株数	各级严重度发病株数						病株率（％）	病情指数	备注
						0级	1级	3级	5级	7级	9级			

注：严重度按照每株发病叶片占全株总叶片数的比例或植株茎秆病斑大小确定级别，分为6级：0级：全株叶片无病斑；1级：个别叶片上有个别病斑；3级：全株1/4以下的叶片有病斑，或植株上部茎秆有个别小病斑；5级：全株1/4～1/2的叶片有病斑，或植株上部茎秆有典型病斑；7级：全株1/2以上的叶片有病斑，或植株中下部茎秆上有较大病斑；9级：全株叶片几乎都有病斑，或大部分叶片枯死，甚至茎部枯死。

六、防治效果评价方法

设立空白对照区、处理区，分别于末次防治后3d、7d、10d开展调查，一般采用平行跳跃法或5点交叉取样法，每块田定5~10

点，每点查10株，按照严重度分级方法，调查并计算各田块病株数、病株率、病情指数、防治效果及发生程度。

1.**严重度** 按照每株发病叶片占全株总叶片数的比例或植株茎秆病斑大小确定级别，分为6级。

2.**病株率** 调查田块发病株数占调查总株数的比率。

3.**发生程度** 分为5级，即轻发生（1级）、偏轻发生（2级）、中等发生（3级）、偏重发生（4级）、大发生（5级）。以病株率为分级主要因素，发病面积占种植面积比率作参考，各级指标见下表。以作物生长季的最终病情确定当地当季年发生程度。

马铃薯晚疫病发生程度分级指标

发生程度（级）	1	2	3	4	5
病株率（%）	0.03%~5%	5.1%~15%	15.1%~30%	30.1%~40%	40%以上
发病面积占种植面积比率（%）	10%以下	10%~20%	20.1%~30%	30.1%~40%	40%以上

4.**病情指数和防治效果** 用以表示病害发生的平均水平，通过公式计算。

$$病情指数 = \frac{\sum（各严重度级值 \times 各级严重度病株数）}{调查总株数 \times 严重度最高级别数值} \times 100$$

$$防治效果 = \frac{空白对照区病情指数 - 处理区病情指数}{空白对照区病情指数} \times 100\%$$

柑 橘 黄 龙 病

一、分布与为害

柑橘黄龙病是重要的检疫性病害，目前在亚洲、非洲、南美洲和北美洲的近50个国家和地区发生分布。病原菌为柑橘黄龙病菌，为革兰氏阴性细菌。在我国发生为害的是柑橘黄龙病菌（亚洲种）（*Candidatus* Liberobacter asiaticum），在浙江、福建、江西、湖南、广东、广西、海南、四川、贵州、云南等10个省份有分布。

二、症状特征

柑橘黄龙病菌主要为害芸香科柑橘属、枳属和金柑属植物，包括宽皮橘类、橙类、柚类、枸橼类、金柑类和枳类等品种和栽培种。引起叶片黄化、早落，再发的梢短、叶小；病树不长新根，有的根部腐烂，大量枝条枯死；果实早落，或果小、畸形、味淡，失去商品价值。

典型症状：发病植株病枝容易落叶，从病枝萌发的新梢短、叶小、黄化，部分大枝新梢呈现黄梢症状。

柑橘黄龙病黄梢症状

夏、秋梢期开始发病的，黄梢数量少，常出现在树冠顶部；春梢期开始发病的，黄梢数量多，出现在树冠顶部，亦出现在树冠的其他部位。一般1～2年染病植株从部分大枝发病扩展到全株发病。

叶片黄化大致有三种类型：①均匀黄化。嫩叶不转绿而呈现均匀黄化。蕉柑和椪柑夏、秋梢期开始发病的较多出现这种症状。②斑驳型黄化。叶片转绿后从叶片基部和叶脉附近开始黄化，形成黄绿相间的斑驳，最后可以全叶黄化。植株发病初期、春梢期开始发病以及从病枝上萌发的新梢生长较强时，几乎均表现这种症状。③缺素状黄化。叶脉附近绿色，而叶肉黄化，类似缺锌、缺锰症状。这种症状在植株开始发病时极少出现，而在病枝萌发的新梢上较多出现。在上述3种黄化类型中，斑驳型黄化最为典型。

柑橘黄龙病叶片黄化

病树开花早，花多，畸形花比例大；病树果实小，有的畸形呈斜肩状，着色时黄绿不均匀，福橘、椪柑、温州蜜柑等宽皮柑橘常在果蒂附近先着色，而其余部分青绿色，成"红鼻果"；落花、落果严重，病树极少长新根，老根容易从细根开始腐烂。在栽培管理粗放的果园，病树有大量枯枝。

柑橘黄龙病"红鼻果"

三、发生规律

柑橘黄龙病菌（亚洲种）通过带病的苗木、接穗和柑橘木虱传播，种子不传病。柑橘木虱的若虫和成虫从病株吸食病原菌后，在其体内繁殖，终生带菌，不通过卵传播。

在大面积连片栽种感病柑橘品种的情况下，田间病树（侵染源）和传病虫媒（柑橘木虱）同时存在是病害流行的先决条件。在田间具备一定数量病树（侵染源）的情况下，虫媒（柑橘木虱）发生量越大，病害流行越快。同样，在田间存在一定数量虫媒的情况下，病株越多、分布越均匀，病害流行也越快。

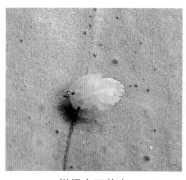 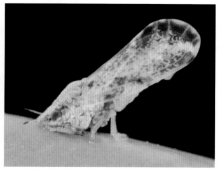

柑橘木虱若虫　　　　　　　　　　柑橘木虱成虫

侵染周期：柑橘黄龙病的发生是柑橘黄龙病菌（亚洲种）与寄主柑橘在环境因素的影响下相互作用的结果。病原菌成功侵入寄主并建立寄生关系后，便进行大量繁殖和侵染，过一段时间植株才出现初发症状。柑橘黄龙病潜育期长短与侵染的菌量多少有关，也与被侵染的柑橘植株树龄、栽培环境的温度和光照有关。用带1～2个芽的病枝段，于2月中下旬嫁接于1至2年生甜橙实生苗上，在防虫网室内栽培，潜育期最短为2～3个月，最长可超过18个月。在一般的栽培条件下，绝大多数受侵染的植株在4～12个月内发病，其中又以6～8个月内发病最多。

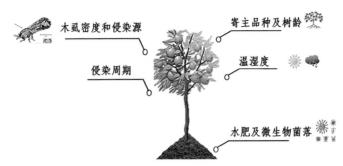

木虱密度和侵染源

寄主品种及树龄

侵染周期

温湿度

水肥及微生物菌落

影响柑橘黄龙病发病的因素

四、防治技术

柑橘黄龙病防控采用"政府主导、属地责任、联防联控"的防控机制，实行"分类指导、分区治理、标本兼治"的防控策略。在阻截前沿区，重点采取减少寄主作物种植、强化监测调查、清除零星疫点等措施，建立防控阻截带，延缓疫情扩散。在发生区，重点推进"选用健康种苗、统一防控木虱、铲除染病植株、强化检疫监管"的综合治理措施，压减发生面积、压低发病程度。在未发生区，重点加强监测预警，严格检疫监管，防范疫情传入。主要阻截防控措施包括：

全面监测预警

1.检疫监管　强化柑橘属、金柑属等芸香科寄主植物苗木、接穗检疫监管。发生区严格落实产地检疫和调运检疫制度，确保未经检疫的种苗不得出圃、不得调运、不得入园，防止疫区苗木进入非疫区。

2. **疫情阻截**　在阻截前沿区，依托地形条件，在柑橘木虱自然扩散关键通道构建疫情阻截带，尽量清除芸香科植物，增设柑橘木虱监测点，发现木虱时开展统一防控，防止疫情向未发生区扩散。在普遍发生区，引导农户充分利用自然地形或人工造林等手段，形成适度生态隔离生产模式，逐步将果园连片种植规模控制在200~300亩，延缓疫情近距离传播速度。

3. **综合防控，推广健康种苗**　指导开展健康种苗繁育基地建设，提高健康种苗供给能力，鼓励农户在隔离网室集中繁育、补种大苗，降低柑橘种苗带病风险。统一防控木虱，在冬季清园、夏季控梢和春秋两季抽梢等关键时期，选取氟吡呋喃酮、噻虫嗪、高效氯氰菊酯、吡丙醚、虱螨脲、螺虫乙酯等农药开展统防统治，注意速效性和内吸性农药搭配使用，不同作用机制的药剂轮换使用，避免产生抗药性。铲除染病植株，引导农民在春梢老化后和采果前各普查一次发病情况，及时发现、坚决砍除染病植株，减少黄龙病传播源。

培育健康种苗

统一防控柑橘木虱

坚决砍除病树

4. 农艺措施　推进老果园改造和新建果园标准化生产，鼓励宽行稀植、生态留草，提升果园通透性，保护生物多样性，集成推广标准化建园、省工化修剪、精准化施肥、科学化用药的绿色高效生产技术模式，提升植株抗病能力。发挥新型社会化服务组织的作用，因地制宜开展统一整园、统一修剪、统一施肥、统一用药等全程技术服务，降低染病风险。

建设标准化果园

五、调查方法

1. 柑橘黄龙病监测调查

（1）调查对象。柑橘类苗圃和果园。选择有代表性的果园进行调查，调查面积不少于监测点所在区域柑橘种植面积的10%。

（2）调查时期。春梢、夏梢、秋梢抽梢高峰期和果实成熟期。

（3）调查方法。踏查，采用肉眼观察。以斑驳状非对称黄化叶和红鼻子果症状作为鉴定主要依据。均匀黄化叶和黄梢作为鉴定的辅助依据。

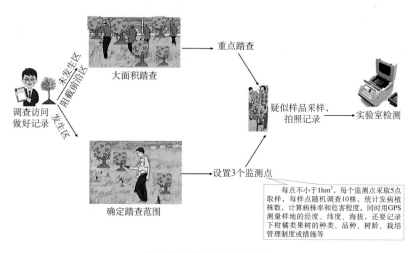

重点踏查

大面积踏查

疑似样品采样，拍照记录

实验室检测

未发生区

阻截前沿

发生区

调查访问做好记录

确定踏查范围

设置3个监测点

每点不小于1hm²，每个监测点采取5点取样，每样点随机调查10株，统计发病植株数、计算病株率和危害程度。同时用GPS测量样地的经度、纬度、海拔，还要记录下柑橘类果树的种类、品种、树龄、栽培管理制度或措施等

柑橘黄龙病监测调查步骤

2. 柑橘木虱监测调查

（1）调查对象。发生区的监测点选择1个有代表性的果园，未发生区的监测点选择接近木虱分布前沿的1个果园。

（2）调查时期。在春梢、夏梢、秋梢等木虱发生高峰时期，每周调查一次，其他时期每两周调查一次。

（3）调查方法。每果园按东、西、南、北、中五个方位各选择5株橘树，每株按"东、南、西、北"四个方位各调查1个新梢。采用目测观察，根据柑橘木虱成（若）虫的形态特征进行鉴定，若现场难以确认，应采集样本带回实验室进一步鉴定。

梨火疫病

一、分布与为害

梨火疫病是细菌性病害，也是世界重大检疫性病害，梨火疫病病原为梨火疫病菌（*Erwinia amylovora* Burrill et al.）和亚洲梨火疫病菌（*Erwinia pyrifoliae* Kim et al.），其中梨火疫病菌可在40多个属220多种植物上发生，大部分属蔷薇科仁果亚科，尤其对梨、苹果、李等果树可造成毁灭性危害；亚洲梨火疫病菌主要为害亚洲梨和部分西洋梨。

梨火疫病菌最早发生于美国东北部，随着世界贸易日益增长而向各国传播，目前已在北美洲、欧洲、中东、日本、大洋洲等地区发生。2016年我国在新疆首次发现梨火疫病菌。目前梨火疫病菌在我国甘肃、新疆2个省份有分布。亚洲梨火疫病菌最早发生于日本，目前主要发生在日本、韩国、荷兰。2006年我国在浙江首次发现亚洲梨火疫病菌。目前亚洲梨火疫病菌在我国浙江、安徽、重庆3个省份有分布。我国一直将梨火疫病菌和亚洲梨火疫病菌作为进境植物检疫性有害生物，严防传入。

二、症状特征

梨火疫病菌和亚洲梨火疫病菌为害症状相似，通常梨火疫病菌为害重于亚洲梨火疫病菌。两种病菌主要为害果树的花、叶、嫩梢，同时也为害果实、枝条和树干。病害从病梢很快扩展到枝条和树干，直至根部，严重影响水果产量和品质。受侵染的花、枝条和叶片变黑，像被火烧过一样，但仍挂在树上不落，造成毁灭性危害。

梨火疫病造成顶梢枯死，呈"拐杖状"　　　梨火疫病造成花腐

梨火疫病造成杜梨僵果

梨火疫病造成果实腐烂　　　梨火疫病病部产生的菌脓

三、发生规律

梨火疫病菌和亚洲梨火疫病菌在病株病疤边缘组织处越冬，挂在树上的病果也是其越冬场所，如冬季温暖，病菌还能在病株树皮上越冬，来年早春病菌在上年的溃疡处迅速繁殖，遇到潮湿、温暖的天气，从病部渗出大量乳白色黏稠状的细菌分泌物，即为当年的初侵染源，有一定损伤的花、叶、幼果和茂盛的嫩枝最易感病。

梨火疫病菌和亚洲梨火疫病菌主要随风、雨、鸟类和人为因素传播扩散。在气候因子中，雨水是短距离传播的主要因子，病菌可随雨水从越冬或新鲜接种源传至花和幼枝。风是中短距离传播的重要因子，病原菌往往沿着盛行风的方向传播到较远距离。远距离传播主要靠感病寄主繁殖材料，包括种苗、接穗、砧木等，也可随水果、被污染的运输工具、候鸟及气流远距离传播。目前最有可能亦最危险的传播途径是通过病接穗、苗木、果实的传带。此外，昆虫对梨火疫病的传播扩散也起一定的作用。据文献报道，传病昆虫包括蜜蜂在内的77个属100多种，其中蜜蜂的传病距离为200～400m，一般情况下，梨火疫病的自然传播距离约为每年6km。

梨火疫病是湿、热气候条件下发生的病害。梨火疫病菌生长的最适温度为18～30℃，最高温度35～37℃，最低温度3～12℃，致死温度45～50℃。病菌经－28～－14℃处理或在－183℃下处理10min仍能存活，在自然界没有上、下限温度限制其生存。亚洲梨火疫病菌生长的最适温度为27℃，最高温度36℃，在12～21℃低温条件下，生长速率比梨火疫病菌快1倍，比梨火疫病菌更耐寒，自然条件下更易存活。

四、防治技术

1.检疫监管　强化梨、苹果、杜梨、山楂、海棠等蔷薇科寄主植物苗木、接穗等应检物品的调运检疫监管，疫情发生区相关物品禁止调出，梨、苹果主产区加大调入的相关物品复检力度。

2.**清除病树、病枝**　在整个生长季节定期检查，重病株整株挖除，轻病株及时深度修剪病枯枝（发病部位以下50cm），修剪伤口要喷施杀菌剂保护。对病树周围的植株进行喷药保护。清除的病树、病枝要及时带出果园集中销毁。

3.**化学防控**　梨、苹果、杜梨、海棠、山楂等植株萌芽前喷施石硫合剂进行保护，在初花期（5%花开）、谢花期（80%花谢）、果实膨大期以及果实采收后10d之内等时期，选用春雷霉素、噻唑锌、春雷·噻唑锌、氢氧化铜、噻菌铜等杀菌剂进行防控，对于春梢长势旺盛的果园，或用药两天后遇连续阴雨天、冰雹等，应及时补施1～2次。药剂品种应交替轮换使用，整个生长季节每种药剂使用不能超过2次。

4.**农艺措施**　严禁果园管理工具在发病园和未发病园混用。发病果园修剪时左手握住发病部位以下，工具要严格做到"一修剪一消毒"，可使用10%漂白粉液、3%中生菌素、2%春雷霉素配制消毒液；在发病果园进行修剪的人员和使用的工具工作结束后均须进行消毒。

5.**安全授粉**　梨火疫病发病果园原则上禁止放蜂，可推广使用液体授粉、无人机授粉、人工点粉、"蜜蜂+生防菌"授粉等技术。

五、调查方法

梨火疫病和亚洲梨火疫病的监测包括普查和定点监测。受威胁地区重点监测有种苗、接穗、砧木（杜梨苗）等高风险物品调入的果园，梨、苹果、杜梨、海棠、山楂苗木繁育基地等；发生区重点监测有代表性的果园和边缘区；阻截前沿区要加密布设监测网点。

1.**普查**　一般在果树开花期到果实膨大中期，全年踏查2～3次。发生区重点监测发生疫情的有代表性地块和发生边缘区，主要监测梨火疫病发生动态和扩散趋势。未发生区重点监测风险区域，如发生区周边、交通沿线、梨火疫病寄主植物分布区、来自疫情发生区的寄主植物及其产品的集散地等。监测调查作物包括梨、苹果、杜梨等蔷薇科果树等。对辖区内有代表性的果园及其他可疑地区田块进行踏查，每次调查面积占寄主作物种植面积的50％以上。开花期重点调查是否有花腐症状。果实膨大期重点调查嫩梢、枝干、果实症状。苗期重点调查嫩梢是否出现"牧羊鞭"症状。采集可疑样本送实验室鉴定。

2. **定点监测** 寄主作物开花期、秋梢期每7d调查一次。发生区，每个县选择发生严重、较重、较轻的大面积连片寄主作物种植区3～5个果园。未发生区，重点县在风险区域选择2～5个果园。以上每个果园作为全国疫情监测点进行编号管理。采用5点取样法，每个果园随机调查10株，统计病株率。监测中若发现发生梨火疫病，根据监测情况、实地调查情况判定发生范围及程度。植物检疫机构对监测结果进行整理汇总形成监测报告，并按要求逐级上报。发现新疫情或原有疫情点的梨火疫病疫情暴发时，应立即报告。

图书在版编目（CIP）数据

一类农作物病虫害防控技术手册/农业农村部种植业管理司，全国农业技术推广服务中心编.—北京：中国农业出版社，2021.11（2023.2重印）

ISBN 978-7-109-28812-6

Ⅰ.①一… Ⅱ.①农…②全… Ⅲ.①作物-病虫害防治-手册 Ⅳ.①S435-62

中国版本图书馆CIP数据核字（2021）第201669号

一类农作物病虫害防控技术手册
YILEI NONGZUOWU BINGCHONGHAI FANGKONG
JISHU SHOUCE

中国农业出版社出版
地址：北京市朝阳区麦子店街18号楼
邮编：100125
责任编辑：阎莎莎
版式设计：王　晨　　责任校对：吴丽婷　　责任印制：王　宏
印刷：北京通州皇家印刷厂
版次：2021年11月第1版
印次：2023年2月北京第5次印刷
发行：新华书店北京发行所
开本：880mm×1230mm　1/32
印张：4.5
字数：115千字
定价：29.00元